Python 程序设计案例教程

主　编　单显明　贾　琼　陈　琦
副主编　韩志敏　高永香　郭鸣宇
　　　　毕佳明　张天平

U0234310

北京理工大学出版社
BEIJING INSTITUTE OF TECHNOLOGY PRESS

内 容 简 介

本书涵盖了 Python 在程序设计、科学计算和数据爬取等领域的内容，在介绍 Python 语法的同时，系统地介绍了从数据理解到图像处理的 12 个 Python 函数库，同时设计了 33 个具有现代感的实用案例。其中，第 3~7 章的案例基于 turtle 库采用图形化的方式展现，以"贴瓷砖"游戏贯穿始终，将抽象的逻辑形象化、趣味化；其他章节的案例也非常具有实用价值，如体脂率计算、文本进度条、中文词频统计、图像的手绘效果、雷达图的绘制、爬取电影排行榜。

本书提供了丰富的教学资源，如教学课件、教学大纲、源代码、教案、课后题答案等，既可作为各类大专院校相关专业的教材，也可作为自学 Python 程序设计的参考书。

版权专有 侵权必究

图书在版编目（CIP）数据

Python 程序设计案例教程/单显明，贾琼，陈琦主编.—北京：北京理工大学出版社，2020.11（2023.1 重印）

ISBN 978-7-5682-9278-8

Ⅰ. ①P… Ⅱ. ①单… ②贾… ③陈… Ⅲ. ①软件工具－程序设计－教材 Ⅳ. ①TP311.561

中国版本图书馆 CIP 数据核字(2020)第 231136 号

出版发行 / 北京理工大学出版社有限责任公司

社　　址 / 北京市海淀区中关村南大街 5 号

邮　　编 / 100081

电　　话 / （010）68914775（总编室）

　　　　　（010）82562903（教材售后服务热线）

　　　　　（010）68944723（其他图书服务热线）

网　　址 / http://www.bitpress.com.cn

经　　销 / 全国各地新华书店

印　　刷 / 涿州市新华印刷有限公司

开　　本 / 787 毫米×1092 毫米　1/16

印　　张 / 18.75　　　　　　　　　　　　　　责任编辑 / 曾　仙

字　　数 / 440 千字　　　　　　　　　　　　　文案编辑 / 曾　仙

版　　次 / 2020 年 11 月第 1 版　2023 年 1 月第 4 次印刷　　责任校对 / 刘亚男

定　　价 / 49.80 元　　　　　　　　　　　　　责任印制 / 李志强

图书出现印装质量问题，请拨打售后服务热线，本社负责调换

前 言

随着人工智能的发展，Python 语言现已成为人们学习编程的首选语言。2016 年，AlphaGo 击败人类职业围棋选手，引发了人工智能和 Python 的热潮，Python 名列 TIOBE 2019 年度编程语言排行榜榜首。Python 简单易学，具有丰富且强大的库，能把用其他语言制作的各种模块轻松地联结在一起。在大数据分析、机器学习、深度学习等方面，Python 都有很强大的支持能力，代表了适应未来的一种趋势。

本书立足于 Python 的基础知识，介绍了 12 个常用模块和 33 个综合案例。在结构安排上，采用理论与实践相结合的方式，先介绍相关知识，再结合案例对相关知识点进行巩固。本书语言通俗易懂，相关案例精练实用，旨在帮助读者能在短时间内通过一定量的代码训练，理解 Python 的模块化编程思想，掌握开发 Python 程序的基本思路及程序调试的方法和技巧，具备完成一定规模的程序开发能力。

本书在 Windows 平台基础上对 Python 3.×的语法及程序设计的相关知识进行讲解，全书分为 11 章，涵盖了 Python 语言在程序设计、科学计算和数据爬取等领域的内容，在强化方法理论的同时，借助直观、有趣的案例将知识应用到实际生活中。

第 1 章，人生苦短，我用 Python。本章首先介绍了 Python 的发展史、特点及应用领域，之后介绍了在 Windows 操作系统中配置 Python 开发环境的方法、PyCharm 的安装方法，最后简单介绍了程序的基本编写方法。

第 2 章，Python 基础知识。本章首先介绍了 Python 程序的要素，包括 Python 程序的代码风格、输入/输出语句、数字类型和字符串类型，然后介绍了 math 库的使用。

第 3 章，神奇的 turtle 库。本章详细介绍了 turtle 库的相关知识，以及简易的俄罗斯方块的程序实现技巧。

第 4 章，程序的流程控制。本章主要介绍了程序表示方法、分支结构、循环结构的基本语法。通过对本章内容的学习，读者可运用不同的结构来控制程序流程。

第 5 章，组合数据类型。本章主要介绍了组合数据类型，包括列表、元组、集合和字典。通过对本章内容的学习，读者能够熟悉组合数据类型的分类及特点，并能在程序中熟练运用组合数据类型的表示和存储数据。

第 6 章，函数和代码复用。本章主要介绍了与函数相关的知识，包括函数的定义、调用过程、参数传递、作用域，还介绍了特殊形式的函数，即匿名函数和递归函数。通过对本章的学习，读者能够熟悉函数的相关知识，并将函数化的编程方法应用于程序开发。

第 7 章，面向对象编程。本章首先介绍了面向对象的基本思想、类和对象，然后介绍了构造方法、析构方法，并使用面向对象的编程思想对"贴瓷砖"案例进行了总结。通过对本章的学习，读者能够掌握面向对象的编程方法。

第 8 章，文件和数据格式化。本章主要介绍文件和数据格式化的相关知识，包括计算机中文件的定义、文件的基本操作、文件迭代、文件操作模块 os 库及数据维度和数据格式化等。通过对本章的学习，读者能够掌握文件操作方法及数据处理方式。

第 9 章，程序调试方法与技巧。本章首先介绍了异常的处理机制，然后介绍了 PyCharm

中程序调试的技巧与方法，包括设置断点、控制程序单步执行、变量的观察等。通过对本章的学习，读者能够将异常处理应用于实际程序开发，并熟练掌握调试程序的方法。

第 10 章，科学计算和数据可视化。本章首先介绍了 numpy 库和 matplotlib 库的操作方法，然后以几个案例将模块的应用进行深入讲解。通过对本章的学习，读者能够将这两个库应用于实际项目开发。

第 11 章，网络爬虫。本章首先介绍了网络爬虫的概念、原理和实现过程，然后详细介绍了 requests 库和 beautifulsoup4 库，并结合两个实例演示了如何开发简单的爬虫项目。

本书由沈阳工学院的单显明、贾琼和江西农业大学的陈琦担任主编，由沈阳工学院的韩志敏、高永香、郭鸣宇、毕佳明和武昌工学院的张天平担任副主编。具体编写分工：单显明负责编写第 1、2、10 章；贾琼负责编写第 4、6 章；陈琦负责编写第 8 章；韩志敏负责编写第 9 章；高永香负责编写第 3、5 章；郭鸣宇负责编写第 11 章；毕佳明负责编写第 7 章；全书由单显明负责统稿，张天平对全书进行了仔细阅读和校对。

本书提供了丰富的教学资源，如教学课件、教学大纲、源代码、教案，欢迎各位老师索取。尽管我们做了最大努力，但书中难免有不妥之处，欢迎各界专家和读者朋友们来信给予宝贵意见，我们将不胜感激。您在阅读本书时，如发现任何问题或有不认同之处，请发送电子邮件至 409332208@qq.com 与我们联系。

CONTENTS 目录

第1章

<<<<<<

人生苦短，我用 Python

■ Python 是一门功能强大、简单易学的编程语言，由于其第三方库丰富且免费开源等特点，因此在人工智能技术和大数据分析技术领域得到了广泛应用。

■ 本章将从 Python 语言的历史、特点、应用领域发展入手，带领大家领略 Python 语言的独特魅力，掌握 Python 解释器及 PyCharm 的安装方法，学会简单 Python 程序的编写方法。

1.1 认识 Python

Python 是一门简单易学、功能强大、面向对象的解释型编程语言，可以在 Windows、UNIX 等操作系统上使用，也被称为"胶水语言"。Python 作为最流行的脚本语言之一，语法简洁、清晰，类库丰富且功能强大，非常适合用于快速原型开发，且开发效率高。另外，由于 Python 可以运行在多种系统平台下，因此只要编写一次代码，就可以在多个系统平台下保持相同的功能。

1.1.1 Python 的历史

Python 语言诞生于 1990 年，由 Guido van Rossum（吉多·范罗苏姆）设计并领导开发。1989 年圣诞节期间，身在阿姆斯特丹的吉多为了打发时间，决定开发一个新的脚本解释程序来作为 ABC 语言的一种继承。由于他非常喜欢一部名为 Monty Pythonp's Flying Circus（蒙提·派森的飞行马戏团）的英国剧，于是将"Python"作为这一编程语言的名字，Python 语言就此诞生。

1991 年，Python 的第一个版本公开发行，该版本用 C 语言来实现，能调用 C 语言的库文件。Python 的很多语法来自 C 语言，且受 ABC 语言的影响强烈。自诞生，Python 就具有类（class）、函数（function）、异常处理（exception）、列表（list）和字典（dict）在内的核心数据类型，以及基于模块化的可拓展机制。

Python 最初完全由吉多开发，吉多的同事们使用它并提供反馈意见，之后同事们纷纷参与 Python 的改进。尽管高级语言都隐藏了底层细节，以便程序开发人员可以专注于程序逻辑，但 Python 更好地践行了这一理念，因此吸引了很多程序员使用和研发它。

在 Python 首个版本发行时，计算机的性能已经有了很大提升，计算机对软件性能的要求放宽。由于 Python 未受制于硬件性能，又容易学习与使用，因此许多人开始使用 Python。此外，Internet 悄然渗入人们的生活，开源开发模式也开始流行，因此吉多维护了一个邮件列表（maillist），以支持 Python 用户通过邮件进行交流。

由于大家对 Python 的需求有所不同，而 Python 足够开放且容易拓展，因此 Python 的许多用户也加入拓展（或改造）Python 的行列，并通过 Internet 将改动建议发给吉多。吉多可以决定是否将接收到的改动加入 Python 的标准库。在这个过程中，Python 吸收了来自不同领域的开发者引入的诸多优点，Python 社区不断扩大，进而拥有了自己的 NewsGroup、网站（python.org）以及基金。

2000 年 10 月，Python 2.0 发布，Python 从基于 maillist 的开发方式转为完全开源的开发方式，Python 社区也已发展得相当成熟，Python 的发展速度再度提高。2010 年，Python 2.× 系列发布了最后一个版本，其主版本号为 2.7；同时，Python 的维护者声称不再在 2.× 系列中继续对主版本号升级，Python 2.× 系列将慢慢退出历史舞台。2018 年 3 月，吉多在 maillist 上宣布 Python 2.7 将于 2020 年 1 月 1 日终止支持。

2008 年 12 月，Python 3.0 发布，并成为 Python 语言持续维护的主要版本系列。3.0 版本在语法和解释器内部都有很多重大改进，解释器内部采用完全面向对象的方式来实现。然而，3.0 版本与 2.× 系列不兼容，使用 2.× 系列编写的库函数都必须经过修改才能用 Python 3.0 解释器运行，Python 从 2.× 系列到 3.0 版本的过渡过程显然是艰难的。

2012 年，Python 3.3 发布；2014 年，Python 3.4 发布；2015 年，Python 3.5 发布；2016 年，Python 3.6 发布；2018 年 6 月，Python 3.7.0 发布。本书成稿时，Python 3.× 系列的最新版本为 2020 年 4 月 29 日发布的 3.8.3rc1，Python 2.× 系列的最新版本为 2020 年 4 月 20 日发布的 2.7.18。对于 Python 的初学者而言，Python 3.× 系列无疑是明智的选择，本书运行的版本为 2020 年 3 月 10 日发布的 Python 3.7.7。

Python 的版本发展如表 1-1 所示。需要注意的是，Python 3.× 系列不兼容现有的 Python 2.× 系列。

表 1-1　Python 的版本发展

版本号	发布年份	拥有者	GPL 兼容（是/否）
0.9.0～1.2	1991—1995	CWI	是
1.3～1.5.2	1995—1999	CNRI	是
1.6	2000	CNRI	否
2.0	2000	BeOpen.com	否
1.6.1	2001	CNRI	否
2.1	2001	PSF	否
2.2～2.7.11	2001—2015	PSF	是
2.7.12	2016	PSF	是
2.7.13	2016	PSF	是

版本号	发布年份	拥有者	GPL 兼容（是/否）
2.7.14	2017	PSF	是
2.7.15	2018	PSF	是
2.7.16	2019	PSF	是
2.7.17	2019	PSF	是
2.7.18	2020	PSF	是
3.×	2008—2019	PSF	是
3.7.6	2019	PSF	是
3.7.7	2020	PSF	是
3.8.1	2019	PSF	是
3.8.2	2020	PSF	是
3.8.3rc1	2020	PSF	是

1.1.2　Python 的特点

Python 作为一种比较"新"的编程语言，能在众多编程语言中脱颖而出，且与 C 语言、C++、Java 等"元老级"编程语言并驾齐驱，无疑说明其具有诸多高级语言的优点，同时独具一格，拥有自己的特点。

1. Python 的优点

（1）简单易学。与其他编程语言相比，Python 是一门简单、易学的编程语言。编程人员可将精力注重于解决问题，而非语言本身的语法和结构。Python 的语法大多源自 C 语言，且抛弃了 C 语言中复杂的指针，因此简化了语法，降低了学习难度。

（2）代码高效。在实现相同功能时，Python 代码的行数往往只有 C、C++、Java 代码行数的 1/5～1/3。

（3）语法优美。Python 是高级语言，它的代码接近人类语言，只要掌握由英语单词表示的助记符，就能大致读懂 Python 代码。此外，Python 通过强制缩进来体现语句间的逻辑关系，任何人编写的 Python 代码都遵循统一风格的编码规范，从而提高了 Python 代码的可读性。

（4）开源。Python 是一种开放的源码软件，用户可以自由地下载、复制、阅读、修改代码，并能自由发布修改后的代码，这使相当一部分用户热衷于改进与优化 Python。

（5）可移植。Python 作为一种解释型语言，可以在任何安装有 Python 解释器的平台执行。因此，Python 具有良好的可移植性，使用 Python 编写的程序可以不加修改地在任何平台运行。

（6）扩展性良好。Python 可从高层引入 .py 文件，包括 Python 标准库文件，或程序员自行编写的 .py 格式的文件；在底层可通过接口和库函数来调用由其他高级语言（如 C、C++、Java 等）编写的代码。

（7）类库丰富。Python 解释器拥有丰富的内置类和函数库，世界各地的程序员通过开源社区贡献了十几万个第三方函数库，这些函数库几乎涉及各应用领域。开发人员借助函数库能实现某些复杂的功能。

（8）通用灵活。Python 是一门通用编程语言，可用于科学计算、数据处理、游戏开发、人工智能、机器学习等领域。Python 介于脚本语言和系统语言之间，开发人员既可根据需要将 Python 作为脚本语言来编写脚本，也可将其作为系统语言来编写服务。

（9）模式多样。Python 解释器内部采用面向对象模式实现，但在语法层面，它既支持面向对象编程，又支持面向过程编程，可由用户灵活选择。

（10）良好的中文支持。Python 3.×系列的解释器采用 UTF-8 编码表达所有字符信息，该编码不仅支持英文，还支持中文、韩文、法文等语言，使得 Python 程序对字符的处理更加灵活、简洁。

2. Python 的缺点

（1）运行效率不够高，Python 程序的运行效率只有 C 语言程序的 1/10。

（2）Python 3.×系列和 Python 2.×系列不兼容。

虽然 Python 3.×系列不兼容 Python 2.×系列，但这两个系列在语法层面的差别不大。Python 3.×系列移除了部分混淆的表达方式，且大体语法与 Python 2.×系列相似，因此 Python 3.×系列的使用者可以轻松阅读采用 Python 2.×系列编写的代码。总而言之，对编程初学者而言，Python 简单、易学，是接触编程领域的良好选择。对程序开发人员而言，Python 通用灵活、简洁高效，是一门强大又全能的优秀语言。

1.1.3　Python 的应用领域

Python 具有广泛的应用领域，主要用于 Web 开发、科学计算、游戏开发等。

（1）Web 开发。目前，Python 是 Web 开发的主流语言。与 JavaScript、PHP 等广泛使用的语言相比，Python 的类库丰富、使用方便，能为一个需求提供多种方案。此外，Python 支持最新的 XML 技术，具有强大的数据处理能力。Python 为 Web 开发领域提供的框架有Django、Flask、Tornado、web2py 等。

（2）科学计算。Python 提供了支持多维数组运算与矩阵运算的 numpy 库、支持高级科学计算的 scipy 库、支持二维绘图功能的 matplotlib 库，因此被用于编写科学计算程序。

（3）游戏开发。很多游戏开发者先用 Python 或 Lua 编写游戏的逻辑代码，再用 C++ 编写图形显示等对性能要求较高的模块。Python 提供了 pygame 库，可用于二维游戏开发。

（4）自动化运维。Python 是一种脚本语言，其标准库还提供了一些能够调用系统功能的库，因此 Python 常用于编写脚本程序，以控制系统，实现自动化运维。

（5）多媒体应用。Python 提供了 PIL、Piddle、ReportLab 等模块，利用这些模块可以处理图像、声音、视频、动画等，并动态生成统计分析图表；Python 的 PyOpenGL 模块封装了OpenGL 应用程序编程接口，能提供对二维、三维图像的处理。

（6）网络爬虫应用。网络爬虫程序通过自动化程序来有针对性地爬取网络数据，以提取可用资源。由于 Python 拥有良好的网络支持，具备相对完善的数据分析与数据处理库，又兼具灵活简洁的特点，因此被广泛应用于网络爬虫开发。

1.2 Python 环境配置

安装 Python 解释器的方式有直接安装 Python 和使用 Anaconda 安装两种。

Python 解释器
安装

1.2.1 直接安装 Python

在 Python 官网可以下载 Python 解释器，官方 Python 解释器是一个跨平台的 Python 集成开发和学习环境，它支持 Windows、Mac OS 和 UNIX 操作系统，且在这些操作系统中的使用方式基本相同。本节将介绍如何安装和配置 Python 开发环境，以及如何运行 Python 程序。

下面以 Windows 操作系统为例，介绍 Python 解释器的安装过程。访问 Python 官网的下载页面 https://www.python.org/downloads/，如图 1-1 所示。

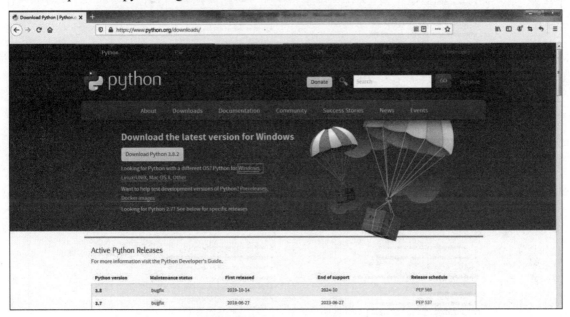

图 1-1　Python 官网下载页面

单击图 1-1 所示页面中的 "Windows" 链接，进入 Windows 版本软件下载页面，如图 1-2 所示。然后，根据操作系统版本选择相应的软件包进行下载。请注意几个下载文件的区别："x86" 表示适合 32 位系统；"x86-64" 表示适合 64 位系统；"web-based installer" 表示需要通过联网来完成安装；"executable installer" 表示用可执行文件（*.exe）方式安装；"embeddable zip file" 表示此为嵌入式版本，可以集成到其他应用中。本书使用的是 Windows 64 位操作系统，此处选择 3.7.7 版本、.exe 形式的安装包，下载安装文件为 Windows x86-64 executable installer，安装文件的名称为 python-3.7.7-amd64.exe，如图 1-3 所示。

下载完成后，双击安装包将启动安装程序，请读者扫描二维码观看详细安装过程视频。注意：在选择安装方式时，选择 "Install Now" 将采用默认安装方式，选择 "Customize installation" 可自定义安装路径。安装时，建议读者选中安装界面的两个复选框，即 "Install Launcher for all users" 和 "Add Python 3.7 to PATH"，后者可在 Python 解释器安装完成后自动将 Python 添加到环境变量中，从而省去烦琐的环境变量配置过程。

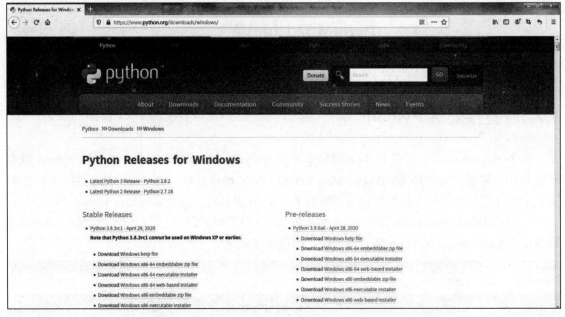

图 1-2　Windows 平台下载页面

图 1-3　选择合适的版本

1.2.2　使用 Anaconda 安装

Anaconda 安装

　　Python 中的模块分为内置模块、第三方模块和自定义模块。其中，内置模块是 Python 内置标准库中的模块，也是 Python 的官方模块，可直接导入程序；第三方模块由非官方制作发布，是供给大众使用的 Python 模块，在使用之前需要用户自行安装；自定义模块是指用户在程序编写中自行编写的、存放功能性代码的 .py 文件。

Python 有 9 万多个第三方模块，这些模块覆盖信息领域的所有技术方向，可构建功能强大的"计算生态"，产生了模块化编程思想。

Python 的第三方模块需要安装后才能使用。由于 Python 语言经历了版本更迭过程，而且第三方模块由全球开发者分布式维护，缺少统一的集中管理，因此 Python 的第三方模块曾经一度制约了 Python 的普及和发展。

Anaconda 是一个开源的 Python 发行版本，包含了 conda、Python 等 180 多个科学包及其依赖项。由于包含了大量的科学包，因此 Anaconda 的下载文件比较大，如"Python 3.7 version 64Bit Graphical Installer"安装包约为 466 MB。如果用户只需要安装某些包，或者需要节省带宽或存储空间，可以使用 Miniconda 这个较小的版本（仅包含 conda 和 Python）。Anaconda 是一个基于 Python 的数据处理和科学计算平台，内置了许多非常有用的第三方模块，安装 Anaconda 后，就相当于把数十个第三方模块自动安装好了。

下载时，可以从 Anaconda 官网下载 GUI 安装包，网址为 https://www.anaconda.com/，由于文件比较大，所以需要耐心等待。另外，也可到国内镜像网站下载，如清华大学的 Anaconda 镜像 https://mirrors.tuna.tsinghua.edu.cn/anaconda/archive/。下载后直接安装即可，Anaconda 会把系统路径（path）中的 Python 指向自己自带的 Python，并且 Anaconda 安装的第三方模块会安装在 Anaconda 自己的路径下，不会影响系统已安装的 Python 目录。

1.2.3　验证 Python 解释器

在运行 Python 程序前，首先需要检测 Python 解释器是否已安装成功。检测方法有两种：一种是单击"开始"→"所有程序"→"Python 3.7"→"Python 3.7（64-bit）"，若出现启动 Python 解释器的窗口（图 1-4），则表明已安装成功，其中">>>"为控制台执行程序时的 Python 的命令提示符；另一种是使用 Windows 操作系统中的命令提示符来检测，在命令提示符窗口中输入"python"，按【Enter】键，若显示 Python 的版本信息（图 1-5），并出现命令提示符">>>"，则表明安装成功。

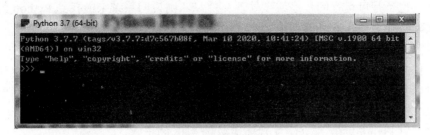

图 1-4　启动 Python

在命令提示符">>>"后输入如下代码：

```
>>>print("Hello World")
```

然后，按【Enter】键，控制台将输出字符串"Hello World"，如图 1-6 所示。

如果要退出 Python 环境，则在命令提示符">>>"后输入"quit()"或"exit()"，再按【Enter】键。

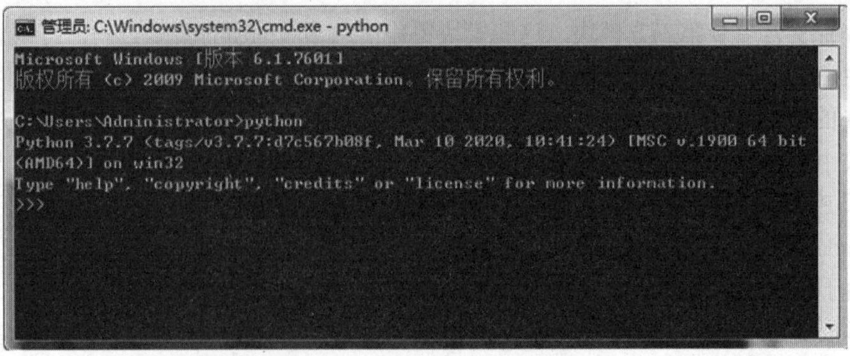

图 1-5　显示 Python 版本信息

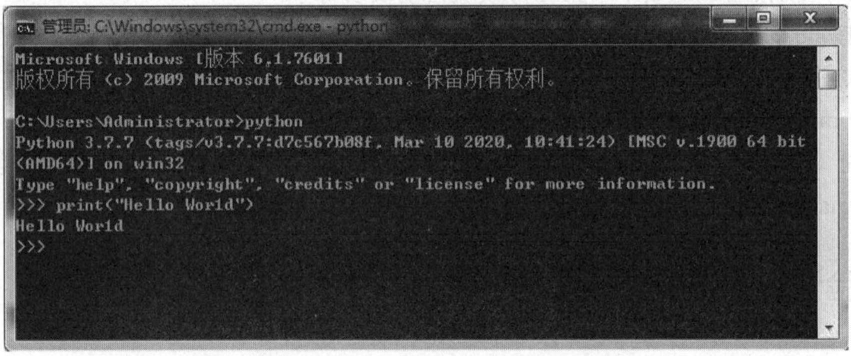

图 1-6　"Hello World"运行结果

1.2.4　环境变量的配置

如果在安装时忘记选中"Add Python 3.7 to PATH"复选框，那么就需要手动配置环境变量。Python 解释器安装完成后，在控制台输入"python"，若系统提示"'python'不是内部或外部命令，也不是可运行的程序或批处理文件。"，则说明系统未能找到 Python 解释器的安装路径，此时必须手动为 Python 配置环境变量，以解决该问题。

环境变量是操作系统中所包含的一个（或多个）应用程序将会使用的信息的变量。在 Windows 操作系统中搭建开发环境时，经常需要配置环境变量中的 Path 变量，以便系统在运行程序时可以获取该程序所在的完整路径。若配置了环境变量，则系统除了在当前目录下寻找指定程序，还会到 Path 变量所指定的路径中查找程序。

接下来，以 Python 为例来介绍配置环境变量 Path 的步骤。

第 1 步，右击桌面的"计算机"图标，在弹出的快捷菜单中选择"属性"选项，打开"系统"窗口。选择该窗口左侧选项列表中的"高级系统设置"，打开"系统属性"对话框，如图 1-7 所示。

第 2 步，单击"高级"选项卡下的"环境变量"按钮，打开"环境变量"对话框，如图 1-8 所示。

第 3 步，在"系统变量"列表框里选择环境变量"Path"并单击"编辑"按钮，打开"编辑系统变量"对话框，如图 1-9 所示。

图 1-7 "系统属性"对话框

图 1-8 "环境变量"对话框

第 4 步，在"变量值"中添加 Python 的安装路径，如"C:\Users\Administrator\AppData\Local\Programs\Python\Python37"，注意用英文半角分号";"与前面的内容分隔，如图 1-10 所示。

图 1-9 "编辑系统变量"对话框

图 1-10 添加 Python 安装路径

第 5 步，单击"确定"按钮，完成环境变量的配置。

1.3 集成开发环境

在安装 Python 解释器、配置环境变量之后，就可以开发 Python 程序。虽然 Python 安装过程中默认安装了集成开发环境（IDLE），但其功能有限，使用不太方便，所以在实际学习与开发中，往往还会用到代码编辑器，或者集成的开发编辑器（IDE）。这些工具通常提供了一系列插件，有助于开发者加快开发速度。

常用的 Python IDE 有 Sublime Text、Vim、Eclipse+PyDev、PyCharm 等。

（1）Sublime Text。Sublime Text 是在开发者群体中应用得非常广泛的编辑器之一，它功能丰富、支持多种语言、有自己的包管理器，开发者可通过包管理器来安装组件、插件和额外的样式，以提升编码体验。

（2）Vim。Vim 是 Linux 操作系统中自带的高级文本编辑器，也是 Linux 程序员广泛使用的编辑器，它具有代码补全、编译、错误跳转等功能，并支持以插件形式进行扩展，实现更丰富的功能。

（3）Eclipse+PyDev。Eclipse 是应用广泛的程序开发工具，支持多种编程语言。PyDev 是 Eclipse 中用于开发 Python 程序的 IDE。Eclipse+PyDev 通常用于创建和开发交互式的 Web 应用。

（4）PyCharm。PyCharm 是 JetBrains 公司开发的 IDE，它具备一般 IDE 的功能，如工程管理、语法高亮、程序调试、代码跳转、智能提示、自动完成、单元测试、版本控制等。使用 PyCharm，可以实现程序编写、运行、测试的一体化。

本书选择 PyCharm 作为集成开发环境，接下来将介绍如何在 Windows 操作系统中安装和使用 PyCharm。

1.3.1　PyCharm 的下载与安装

访问 PyCharm 官方网址 https://www.jetbrains.com/pycharm/download/，进入 PyCharm 的下载页面。PyCharm 有 Professional 和 Community 两个版本。

PyCharm
安装视频

1）Professional 版本的特点

（1）提供 Python IDE 的所有功能，支持 Web 开发。

（2）支持 Django、Flask、Google App 引擎、Pyramid 和 web2py。

（3）支持 JavaScript、CoffeeScript、TypeScript、CSS 和 Cython 等。

（4）支持远程开发、Python 分析器、数据库和 SQL 语句。

2）Community 版本的特点

（1）轻量级的 Python IDE，只支持 Python 开发。

（2）免费、开源、集成 Apache2 的许可证。

（3）智能编辑器、调试器、支持重构和错误检查，集成 VCS 版本控制。

单击相应版本下的"Download"按钮，即可下载 PyCharm 的安装包，本书选择下载 Community 版本。下载成功后的安装文件为 pycharm-community-2020.1.exe，运行安装程序，按照安装向导的提示进行操作即可。

1.3.2　PyCharm 的使用

PyCharm 安装完成后，会在计算机桌面添加一个快捷方式。双击 PyCharm 快捷方式，打开"Import PyCharm Settings"对话框，如图 1-11 所示。在该对话框中有两个选项，其作用分别为配置或安装文件夹、不导入配置。本书选择不导入配置，即选中"Do not import settings"单选框。

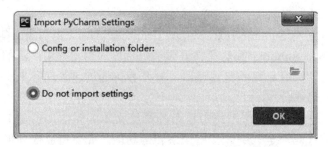

图 1-11　"Import PyCharm Settings"对话框

单击"OK"按钮，打开"Customize PyCharm"对话框，如图 1-12 所示。在该对话框中可以设置用户主题，在此选择"Light"主题。

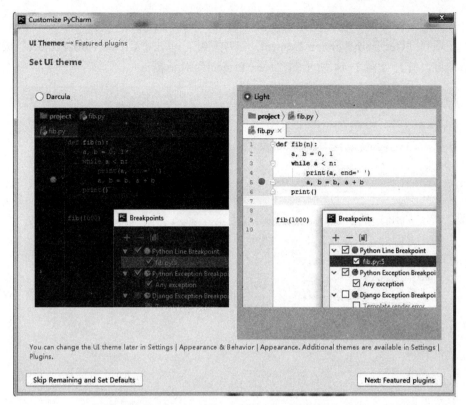

图 1-12　"Customize PyCharm"对话框

单击该对话框左下角的"Skip Remaining and Set Defaults"按钮，进入 PyCharm 欢迎界面，如图 1-13 所示。

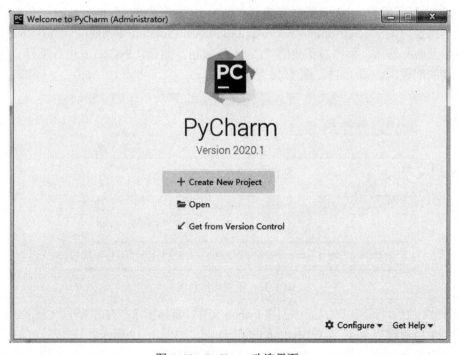

图 1-13　PyCharm 欢迎界面

图 1-13 所示的界面中包括创建新项目（Create New Project）、打开文件（Open）、从版本控制打开项目（Get from Version Control）三项功能。单击"Create New Project"按钮，创建一个新项目，打开如图 1-14 所示的"New Project"对话框。

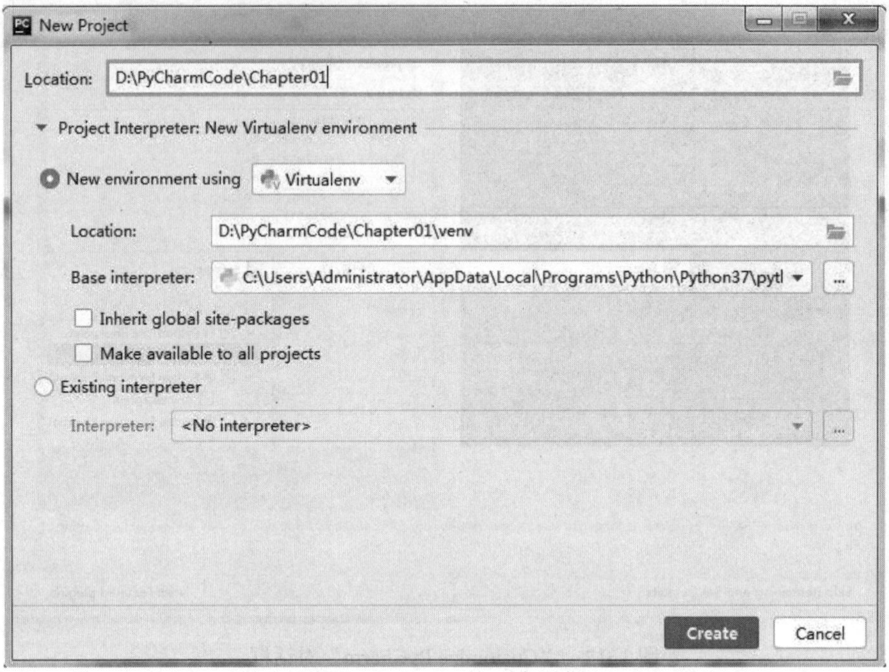

图 1-14　"New Project"对话框

在该对话框中选择项目所在的目录为"D:\PyCharmCode\"，输入项目名"Chapter01"，并设置 Python 解释器为 1.2.1 节所安装的 Python 3.7.7，在"Base interpreter"文本框中可以看到解释器路径为 C:\Users\Administrator\AppData\Local\Programs\Python\Python37\python.exe。设置项目名及解释器后，单击右下角的"Create"按钮。然后，PyCharm 进行项目文件的装载及虚拟环境的配置，如图 1-15、图 1-16 所示。

图 1-15　装载项目文件

图 1-16　配置虚拟环境

项目创建完成后，就可以在项目中创建 Python 文件。具体操作：右击工程"Chapter01"，在弹出的快捷菜单中选择"New"→"Python File"选项，如图 1-17 所示。

将新建的 Python 文件命名为"hello_world"，使用默认文件类型"Python file"，如图 1-18 所示。

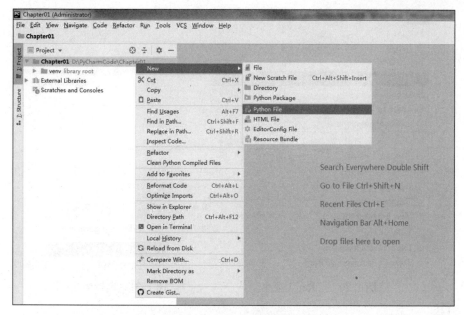

图 1-17　创建 Python 文件

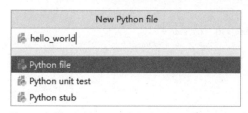

图 1-18　为 Python 文件命名

在已创建的 hello_world.py 文件中编写如下代码：

```python
print("hello world")
```

编写好的 hello_world.py 文件如图 1-19 所示。

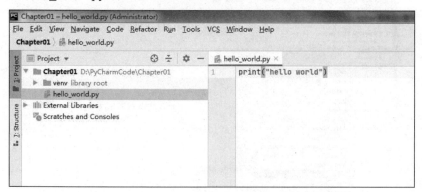

图 1-19　在 PyCharm 中编写代码

单击图 1-19 所示界面中的"Run"菜单项，弹出如图 1-20 所示的菜单，在这里可以选择运行程序、调试程序和编辑配置。选择"Run"选项，出现列表如图 1-21 所示。选择"hello_world"，运行结果会显示在 PyCharm 结果输出区，如图 1-22 所示。请读者注意，除涉及必要的图形化显示界面外，本书后续程序的运行结果只给出相应的文本输出。

图1-20　"Run"菜单

图1-21　选择运行程序

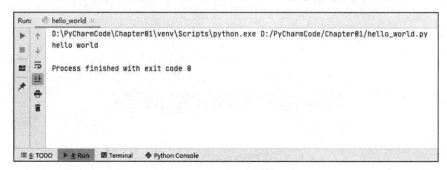

图1-22　程序运行结果

另外，在hello_world.py文件上单击右键，在弹出的快捷菜单中选择"Run 'hello_world'"选项，也可运行该程序，如图1-23所示。

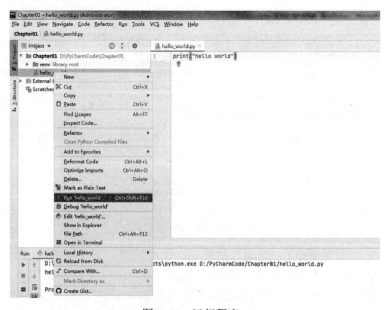

图1-23　运行程序

当某个 Python 程序运行一次以后，也可以单击右上角的绿色右三角按钮来运行程序，如图 1-24 所示。

图 1-24　程序运行结果

1.3.3　PyCharm 配置 Python 解释器

如果在 PyCharm 中编辑源代码后出现图 1-25 所示的提示信息，则说明 PyCharm 尚未配置 Python 解释器。这并不表示 PyCharm 没有安装成功，而只要正确配置 Python 解释器程序就会正常执行。

图 1-25　未配置解释器的提示信息

配置方法：单击右上角的"Configure Python interpreter"，在弹出的下拉列表（图 1-26）中选择"Python 3.7（Chapter01）"，就可以正确配置解释器。

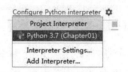

图 1-26　解释器选项

此外，也可以选择"Interpreter Settings…"选项，将弹出如图 1-27 所示的解释器配置窗口。

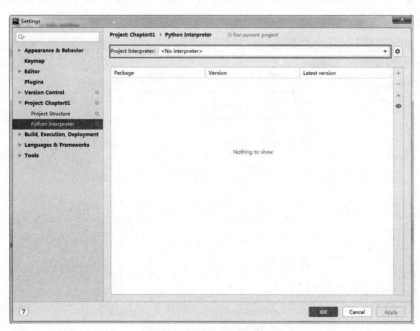

图 1-27　解释器配置窗口

可以发现，此时 PyCharm 没有配置任何解释器。配置方法：从下拉列表中选择要安装的解释器，单击"OK"按钮，如图 1-28 所示。

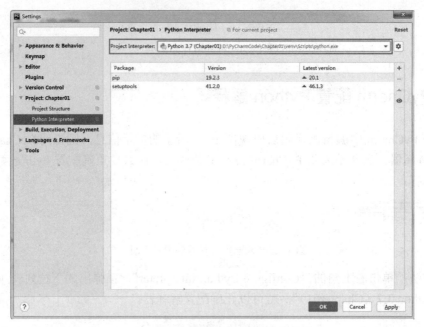

图 1-28　配置 Python 解释器

在同一台计算机中可以安装多个版本的 Python 解释器，然后根据需要在 PyCharm 中进行配置。例如，为项目 Chapter01 添加其他版本的 Python 解释器的方法：单击"File"→"Settings…"→"Project:Chapter01"→"Project Interpreter"，出现如图 1-28 所示的对话框。单击最右侧的"设置"图标，在弹出的下拉列表中选择"Add"选项，出现如图 1-29 所示的对话框，单击"…"按钮即可添加其他解释器。然后，在图 1-28 所示的下拉列表中选择相应的解释器进行安装。

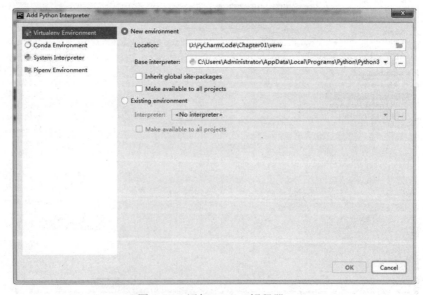

图 1-29　添加 Python 解释器

1.4　Python 程序执行过程

我们都知道，采用 C、C++等编译性语言编写的程序在执行前需要将源文件转换成计算机使用的机器语言，经过编译、连接后形成二进制的可执行程序。运行该程序时，就可以把可执行程序从硬盘载入内存运行。但对于 Python 而言，Python 源代码不需要编译成二进制代码，它可以直接从源代码运行程序。Python 解释器将源代码转换为字节码，然后将字节码转发到 PVM（Python Virtual Machine，Python 虚拟机）中执行。Python 程序的执行过程如图 1-30 所示。

图 1-30　Python 程序的执行过程

运行 Python 程序时，Python 解释器会执行两个步骤：

第 1 步，把源代码编译成字节码。编译后的字节码是特定于 Python 的一种表现形式，它不是二进制的机器码，需要进一步编译才能被机器执行，这也是 Python 程序无法运行得像 C/C++程序一样快的原因。如果 Python 进程在机器上拥有"写"权限，那么它将把程序的字节码保存为以 .pyc 为扩展名的文件；如果 Python 无法在机器上写入字节码，那么字节码将在内存中生成并在程序结束时自动丢弃。在构建 Python 程序时，最好为其赋予在计算机上"写"的权限，这样只要源代码没有改变，生成的 .pyc 文件就可以重复利用，从而提高执行效率。

第 2 步，将字节码转发到 PVM 中进行执行。PVM 是 Python 的运行引擎，是 Python 系统的一部分，它是迭代运行字节码指令的一个大循环，可一个接一个地完成操作。

1.5　案例1：计算圆面积

获取源代码

无论是解决四则运算的小规模程序，还是复杂的控制程序，都遵循输入数据、处理数据和输出数据这一运算模式。这种运算模式形成了基本的程序编写方法——IPO（Input、Process、Output）方法，即包括输入、处理、输出三个过程。IPO 不仅是编写程序的基本方法，也是在设计程序时描述问题的方式。

接下来，以计算圆面积为例，使用 IPO 对该问题编写代码。

（1）输入：获取圆的半径，使用 input()函数从控制台输入圆的半径 radis。其中，input() 是 Python 标准函数库中的函数，主要功能是获取用户从控制台输入的数据，并以字符串的形式将其结果返回。

（2）处理：根据圆面积计算公式 area=$\pi\times$radius^2，计算圆的面积 area。

（3）输出：使用 print()函数向控制台输出圆面积计算结果。print()是 Python 中的基本函数，其主要功能是在控制台中输出信息。

代码如下：

```
Case1_1.py
1      """
2          案例：计算圆的面积
```

```
3          技术：输入、输出、异常处理
4          日期：2020-02-20
5      """
6      PI = 3.1415926
7      #输入圆的半径
8      str = input("请输入圆的半径:")
9      #输出圆半径
10     print("您输入的半径:",str)
11     #异常处理
12     try:
13         # 字符串转换为数字
14         radius = float(str)
15     #抛出值异常
16     except ValueError:
17         print("输入不合法，请输入正确的格式！")
18     #输入格式正确时，计算面积并输出
19     else:
20         area = PI * radius * radius
21         print("圆的面积:",area)
```

运行两次程序，分别输入"5""3good"，运行结果如下：

```
请输入圆的半径:5↙
您输入的半径:5
圆的面积:78.539815
请输入圆的半径:3good↙
您输入的半径:3good
输入不合法，请输入正确的格式!
```

程序的第 1～5 行为注释，在程序运行时不会被执行；第 6 行定义了 PI 的值；第 8 行将从控制台输入的字符串赋值给 str，之后通过异常处理机制在第 14 行将字符串转换为数字，如果出现错误格式，则执行第 17 行，提示输入非法。只有在输入为数字的情况下才通过第 20 行的语句来计算圆的面积，并通过第 21 行的语句输出。读者可以尝试输入其他数字和字符串，观察程序的输出结果。

1.6 本 章 小 结

本章首先介绍了 Python 的历史、特点和应用领域，然后详细介绍了 Python 的环境配置，以及 Python 在 Windows 操作系统的安装方式、环境变量的配置和 IDIE 的使用，最后介绍了集成开发环境 PyCharm 的安装和使用方法。希望通过对本章的学习，读者能对 Python 有一个初步的认识，能独立完成 Python 解释器的安装并熟练使用 PyCharm，为后续学习打好基础。

习题

一、选择题

1. 下列关于 Python 的说法中，错误的是（　　　　）。
   - A．Python 是从 ABC 语言发展起来的
   - B．Python 是一种高级的计算机语言
   - C．Python 是一种只面向对象的语言
   - D．Python 是一种代表简单主义思想的语言

2. 下列关于 Python 2.×和 Python 3.×的说法，正确的是（　　　　）。
   - A．Python 3.×使用 print 语句输出数据
   - B．Python 3.×默认使用的编码是 UTF-8
   - C．Python 2.×和 Python 3.×使用"//"进行除法运算的结果不一致
   - D．Python 3.×的异常可以直接被抛出

3. 下列选项中，不属于 Python 语言特点的是（　　　　）。
   - A．面向过程　　　　　　　　B．免费开源
   - C．面向对象　　　　　　　　D．编译性语言

4. 下列关于 IPython 的说法，错误的是（　　　　）。
   - A．IPython 集成了交互式 Python 的很多优点
   - B．IPython 的性能远远优于标准的 Python 的 shell
   - C．IPython 支持变量自动补全、自动收缩
   - D．与标准的 Python 相比，IPython 缺少内置的功能和函数

5. 下列关于 Python 命名规范的说法中，错误的是（　　　　）。
   - A．模块名、包名应简短且全为小写
   - B．类名的首字母一般使用大写
   - C．常量经常使用全大写字母命名
   - D．函数名中不能使用下划线

6. 下列选项中，（　　　　）是不符合规范的变量名。
   - A．_text　　　　　B．HAPPY　　　　　C．3fe　　　　　D．my_name

7. 下列关于 input()函数与 print()函数的说法中，错误的是（　　　　）。
   - A．input()函数可以接收由键盘输入的数据
   - B．input()函数会返回一个字符串类型数据
   - C．print()函数可以输出任何类型的数据
   - D．print()函数输出的数据不支持换行操作

二、填空题

1. Python 是一种面向（　　　　）的高级语言。
2. Python 可以在多种平台运行，这体现了 Python 语言的（　　　　）特性。
3. Python 源代码被解释器转换后的格式为（　　　　）。
4. Python 3.×默认使用的编码是（　　　　）。

三、判断题

1. Python 是开源的，它可以被移植到许多平台上。（　　　　）

2．Python 3.×的代码完全兼容 Python 2.×。（　　　　）

3．Python 既可以开发 Web 程序，也可以管理操作系统。（　　　　）

4．Python 自带 shell，其性能优于 IPython。（　　　　）

5．我们编写的 Python 代码在运行过程中，会被编译成二进制代码。（　　　　）

6．Python 程序被解释器转换后的文件格式后缀名为 .pyc。（　　　　）

7．Python 的优点之一是具有伪代码的本质。（　　　　）

四、程序验证题

1．整数序列求和。接收用户输入的整数 n，计算并输出 1～n 相加的结果。

```python
n = int(input("请输入一个整数 n:"))
sum = 0
for i in range(n):
    sum += i+1
print(" 1～%d 的求和结果为%d"%(n,sum))
```

2．整数排序。接收用户输入的 4 个整数，并把这 4 个数由小到大输出。

```python
list1 =[]
for i in range(4)：
    x = int(input("请输入整数:"))
    list1.append(x)
list1.sort()
print(list1)
```

3．使用列表实现斐波那契数列。

```python
list1 =[1,1]
n=int(input("请输入斐波那契数列的长度:"))
while(len(list1)<n):
    list1.append(list1[len(list1)-1]+list1[len(list1) -2])
print(list1)
```

## 第 2 章

Python基础知识

■ "工欲善其事，必先利其器"，要想熟练地使用 Python 编写程序，就必须掌握 Python 基础知识。无论使用哪种语言编写程序，遵循一定的编码规范是十分必要的，良好的编程规范可以提高代码的可读性。

■ Python 的数据类型包括数字类型和组合类型两种。本章将介绍数字类型的运算及基本的输入输出语句，详细介绍 math 库并将其应用于具体案例。组合类型将在第 5 章进行介绍。

■ 字符串类型是编程语言经常处理的数据类型，本章将介绍字符串类型及操作方式，并将其应用于文本进度条案例。

2.1 编 码 规 范

2.1.1 代码缩进

Python 采用缩进方式表示代码块，缩进的严格要求使得 Python 的代码显得精简且有层次。需要注意的是，在 Python 中对代码的缩进要十分小心，如果没有正确缩进，代码的运行可能和预期完全不同。

Python 的严格缩进是通过【空格】键和【Tab】键完成的，虽然【空格】键和【Tab】键都可以使用，但是 Python 要求两者不能混合使用，否则容易出错。本书建议采用 4 个空格的缩进方式书写代码。在 PyCharm 中编辑代码时，会自动缩进。

以下代码的功能为"使用 while 循环遍历列表"，代码在 PyCharm 中编写。

```
1    namesList = ['xiaoWang','xiaoZhang','xiaoSun']
2    length = len(namesList)
3    i = 0
4    while i < length:
5        print(namesList [i])
```

```
6        i += 1
```

其中，行号是 IDE 自动添加的，这样便于代码的阅读。可以看出，代码一共有 6 行，第 1~4 行代码为不需要缩进的代码，应顶行编写，不留空白。第 5、6 行有缩进，表明这两行代码属于同一段代码块。采用缩进，既可维护代码结构的可读性，又可避免出现一些错误。

假如以上代码在编辑时有疏忽，最后一行语句的缩进空格数不一致，写成以下代码：

```
1    namesList = ['xiaoWang','xiaoZhang','xiaoSun']
2    length = len(namesList)
3    i = 0
4    while i < length:
5        print(namesList[i])
6       i += 1
```

其中，第 5 行缩进 4 个空格，第 6 行缩进 3 个空格。运行该代码会出现以下错误提示：

```
File "D:/PycharmCode/Chapter02/Demo1.py",line 6
    i += 1
        ^
IndentationError:unindent does not match any outer indentation level
```

该提示表示：在代码第 6 行出现了缩进错误，导致代码无法运行。对此，将第 6 行缩进 4 个空格即可。

2.1.2 注释

注释是程序员在代码中加入的一行（或多行）信息，用于对语句、函数、数据结构或方法等进行说明，以提升代码的可读性。例如，在以上代码中添加必要的注释，修改后的代码如下：

```
1    #定义列表并初始化
2    namesList = ['xiaoWang','xiaoZhang','xiaoSun']
3    length = len(namesList)
4    i = 0
5    #遍历访问列表中的元素
6    while i < length:
7        print(namesList[i])
8        i += 1
```

其中，第 1 行和第 5 行是添加的注释，这样便于程序员对代码的阅读。

Python 的注释分为单行注释和多行注释两种。单行注释，顾名思义，指的是注释中只有一行，并且以"#"标识，如以上代码的第 1 行和第 5 行。单行注释既可以单独占用一行，也可以放在代码后面。示例如下：

```
while i < length:  # 遍历访问列表中的元素
```

多行注释包含在 3 对英文半角单引号 """" 之间。示例如下：

```
1    '''
2        功能：访问列表中的所有元素并打印
3        技术：使用 while 循环遍历
4        日期：2020-03-26
5    '''
6    #定义列表并初始化
7    namesList = ['xiaoWang','xiaoZhang','xiaoHua']
8    length = len(namesList)
9    i = 0
10   #遍历访问列表中的元素
11   while i < length:
12       print(namesList[i])
13       i += 1
```

添加注释后，Python 代码的非注释语句将按顺序执行，而注释语句则被编译器或解释器过滤，不被执行。注释主要有以下 3 个用途：

1）标注代码功能及相关信息

在每个源代码文件开始前增加注释，标注代码的功能、代码的编写者、编写日期、版权声明等信息，可以采用单行注释或多行注释。

2）解释代码原理

在关键代码附近增加注释，解释关键代码的作用，增加程序的可读性。由于程序本身已经表达了功能意图，因此为了不影响程序阅读连贯性，程序中的注释一般采用单行注释，标记在关键代码的同行。对于一段关键代码，则可以在其附近采用一个多行注释或多个单行注释来给出代码设计原理等信息。

3）辅助程序调试

在调试程序时，可以通过单行注释或多行注释临时去掉一行（或连续多行）与当前调试无关的代码，帮助程序员找到程序发生问题的可能位置。

2.2 变　　量

2.2.1　标识符和关键字

标识符是开发人员在程序中自定义的符号和名称，如编程需要的变量名、函数名、类名等。关键字又称保留字，是具有特定含义的标识符，主要用于程序结构的定义及特殊值的使用。标识符和关键字使编写的代码更加符合实际开发的需求，使代码的可读性、执行性更好。

标识符的命名规则：使用字母、数字、下划线及其组合作为标识符名称，首个字符不能是数字。目前比较常用的定义标识符的六种方法如下：

（1）单个小写字母，如 i、j。

（2）单个大写字母，如 A、B。

（3）多个小写字母，如 student。

（4）多个大写字母，如 STUDENT。

（5）下划线分隔多个单词，如 st_num、ST_NUM。

（6）大写词（驼峰命名），如 StudentNum。

其中，最常用的是单词命名和驼峰命名。需要注意的是：标识符的名字不能与关键字相同。

对于不同版本的 Python 解释器，关键字的个数和含义可能略有不同。随着版本的提高，在升级和迭代的过程中，Python 会定义不同的版本关键字，且随着版本提高，有可能引入新的方法，同时产生新的关键字。Python 中的每个关键字都代表不同的含义。在 Python 的命令提示符 ">>>" 后输入命令 "help()"，可以进入帮助系统查看关键字的信息。示例如下：

```
>>> help()              #进入帮助系统内部
help > keywords         #查看关键字列表
help > return           #查看 return 关键字的相关说明
help > quit             #退出帮助环境
```

本书使用的是 Python 3.7.7，输入 "keywords" 可查询到 35 个关键字，如表 2-1 所示。在后续章节将会对这些关键字详细讲解。

表 2-1　Python 的关键字

false	class	from	or
none	continue	global	pass
true	def	if	raise
and	del	import	return
as	elif	in	try
assert	else	is	while
async	except	lambda	with
await	finally	nonlocal	yield
break	for	not	

2.2.2　数据类型

Python 的数据类型分为两大类，一类是数字类型，另一类是组合类型。数字类型分为四种，分别是整型、浮点型、布尔型和复数类型。组合类型分为五种，分别是字符串、列表、元组、字典和集合。Python 的数据类型如图 2-1 所示。

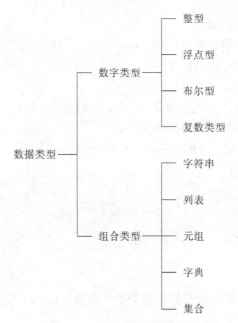

图 2-1　Python 的数据类型

1. 数字类型

1）整型

类似 -3、9、15、-16 这样的数据称为整型数据，有时也简称"整数"。在 Python 中可以使用 4 种进制表示整型，分别为十进制（默认表示方式）、二进制（以"0B"或"0b"开头）、八进制（以"0o"或"0O"开头）和十六进制（以"0x"或"0X"开头）。例如，使用二进制、八进制和十六进制表示整数 12 的示例代码如下：

```
0b1100          #二进制
0o14            #八进制
0xC             #十六进制
```

2）浮点型

类似 2.7、0.8、-4.6、5.78e3 这样的数据称为浮点型数据。浮点型数据用于保存带有小数点的数值，Python 的浮点型数据一般以十进制形式表示，较大或较小的浮点型数据可以使用科学计数法表示。例如：

```
number_one = 2.7           #十进制形式表示
number_two = 3e3           #科学计数法表示(3*103,即 3000,e 表示底数 10)
number_three = 3e-3        #科学计数法表示(3*10-3,即 0.003,e 表示底数 10)
```

3）布尔型

Python 中的布尔型（bool）数据只有两个取值，即 True、False。实际上，布尔类型是一种特殊的整型，其中 True 对应整数 1，False 对应整数 0。Python 中的任何对象都可以转换为布尔型数据，若要进行转换，则符合以下条件的数据都会被转换为 False。

（1）None。

（2）任何为 0 的数字类型，如 0、0.0、0j。

（3）任何空序列，如 ""、0、[]。

（4）任何空字典，如 {}。

（5）用户定义的类实例，如类中定义了__bool__()或者__len__()。

除以上对象外，其他对象都会被转换为 True。

可以使用 bool()函数检测对象的布尔值。示例如下：

```
>>> bool(0)
False
>>> bool(None)
False
```

4）复数类型

类似 5+7j、1.6+3.7j 这样的数据称为复数类型数据，简称"复数"。Python 中的复数有以下 3 个特点：

（1）复数由实部和虚部构成，其一般形式为 real+imagj。

（2）实部 real 和虚部的 imag 都是浮点型。

（3）虚部必须有后缀 j 或 J。

在 Python 中有两种创建复数的方式：一种是按照复数的一般形式直接创建；另一种是通过内置函数 complex()创建。示例如下：

```
number_one = 5+7j                #按照复数格式使用赋值运算符直接创建
number_two = complex(5,7);       #使用内置函数 complex()函数创建
```

2. 组合类型

1）字符串

字符串是由 0 个（或多个）字符组成的集合，使用单引号"''"或者双引号"""""标识，如'dog'、"Hello world"、"Python 3.7.7"。定义字符串时，单引号与双引号可以嵌套使用。注意：使用双引号表示的字符串中允许嵌套单引号，但不允许包含双引号；使用单引号表示的字符串中不允许包含单引号。

2）列表

列表是由 0 个（或多个）元素组成的集合，用方括号"[]"标识，各元素之间用","进行分隔。示例如下：

```
list1 = [25,'car','李明',[20,"peter"]]
```

3）元组

元组与列表相似，是由 0 个（或多个）不同元素组成的集合，但它用圆括号"()"标识。示例如下：

```
tuple1 =(25,'car','李明',[20,"peter"])
```

4）字典

字典是由 0 个（或多个）键值对（key-value）组成的集合，用大括号"{}"标识，其中键值对由表示数据名称的键（key）和数据的值（value）组成，key 和 value 之间通过半角冒号"："分隔。示例如下：

```
dict1 = {'name':'李明','age':20,'sex':'男'}
```

2.2.3 变量赋值

将数值赋给变量的过程称为赋值，实现赋值过程的语句称为赋值语句。Python 规定变量在使用之前必须被赋值，这与其他编程语言有所不同。在 Python 中，如果对变量仅定义但未赋值，则系统将进行报错。因此，Python 的特点是变量在定义时就进行了赋值。

变量定义的语法格式如下：

```
变量 = 数值
```

示例如下：

```
>>> student_score = 89
```

在内存中，变量保持的不是数值而是引用，这与 C 语言中的指针类似。在该示例中，系统在定义变量后就会为其划分内存，内存中存放变量的数值"89"，student_score 保存的是变量的引用，相当于保存指向内存数值为"89"的指针，即变量 student_score 中存放的是数值的引用。因此，Python 中的变量并不存放对应的数值，而是引用对应的数值。

2.3 基本的输入/输出

2.3.1 input()函数

input()是 Python 标准函数库中的函数，其主要作用是获取用户从控制台输入的数据，并以字符串的形式将结果返回。需要注意的是，返回的数据类型是字符串。input()函数可以在获取用户从控制台输入的信息之前，向用户输出一些提示信息，如"请输入 3 位数字""请输入年月日"等。其语法格式如下：

```
变量= input(<提示信息>)
```

示例如下：

```
str = input("请输入：");
print ("你输入的内容是：",str)
```

该代码中定义了变量 str，并提供了提示信息"请输入："，这一提示信息主要用于提示用户要做的事情，print()函数用于将用户输入的内容输出至控制台。

2.3.2　print()函数

print()是 Python 标准函数库中的基本函数，其主要功能是在控制台中输出信息，下面介绍几种常用的输出类型。

1．输出字符串

print()函数可以直接输出字符串。例如，输出字符串"运行结果如下："的代码如下：

```
>>>print("运行结果如下：")
```

以上代码可直接输出由双引号（""）括起的字符串。

print()函数也可以输出字符串变量的数值。示例如下：

```
>>> str = "Hello world!"            #定义字符串 str,并且进行赋值
>>> print(str)                      #输出字符串
Hello world!                        #输出结果
```

2．格式化输出

print()函数可以将变量与字符串组合，按照一定格式输出组合后的字符串。例如，分别将变量 price、sum 和提示文字组合并输出。示例如下：

```
print("每部手机的价格为：%.2f"%price)
print("购买 5 部手机的总价为：%.2f"%sum)
```

以上代码 print()函数中的内容包含由双引号括起的格式字符串、百分号（%）和变量，% 用于分隔格式字符串和变量。字符串中的"%f"为格式控制符，用于接收浮点型数据 price 和 sum，".2"表示输出小数点后的前 2 位小数。

如果 print()函数输出的字符串中包含一个（或多个）变量，则应将%后的变量放入圆括号中，并用逗号","进行分隔。示例如下：

```
>>>print("单价 price=%f，总价 sum=%f"%(price,sum))
```

如果 price 的值为 1200.45，sum 的值为 6002.25，则以上代码的输出结果如下：

```
单价 price=1200.45，总价 sum=6002.25
```

3．不换行输出

print()函数将信息输出到控制台后会自动换行，控制台中的光标会出现在输出信息的下一行。示例如下：

```
>>> print("数据文件写入成功")
数据文件写入成功
>>> |                        # "|"为光标
```

运行该代码会出现换行现象。这是因为，print()函数在输出字符串后，还会输出结束标志换行符"\n"。如果希望print()函数输出信息后不换行，则可以通过设置print()函数的end参数来修改结束标志。下面以输出字符串"数据文件写入成功"为例来进行说明。

1）删除换行符

```
>>> print("数据文件写入成功",end=")
数据文件写入成功>>> |          # "|"为光标
```

2）结束标志改为"__"

```
>>> print("数据文件写入成功",end='__')
数据文件写入成功__>>> |          # "|"为光标
```

4. 更换间隔字符

默认情况下，print()函数一次性输出的两个字符串之间通过空格分隔。示例如下：

```
>>>str1 = "Hello"
>>>str2 = "World"
>>>print(str1,str2)
Hello World
```

以上输出的字符串变量str1和str2由空格分隔，可以使用参数sep来更换间隔字符。示例如下：

```
>>> print(str1,str2,sep=':')          #更换为冒号(:)
Hello:World
>>> print(str1,str2,sep=',')          #更换为逗号(,)
Hello,World
```

2.3.3 eval()函数

eval()函数是标准函数库中一个十分重要的函数，它能以Python表达式的方式解析并执行字符串，并将返回结果输出。该函数的语法格式如下：

```
eval(<字符串>)
```

示例如下：

```
>>>num = 5
>>> eval("num + 3")
8
```

简而言之，eval(<字符串>)的作用是将输入的字符串转换成Python语句，并执行该语句。如果用户希望输入一个数字，并在程序中使用这个数字，则可以采用"eval(input<输入

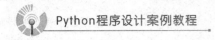

提示字符串>)" 的组合。示例如下：

```
>>> student_age = eval(input("请输入学生的年龄："))
请输入学生的年龄：20↙
>>> print(student_age)
20
```

2.4 案例2：球员身高单位转换

获取源代码

本案例用于完成球员身高单位的相互转换，要求分别完成英制单位和公制单位的转换，即输入待转换的数值和单位后，完成相应的换算。输入时，用 in 表示英寸，用 cm 表示厘米。当把英寸转换成厘米时，将英寸值乘以 2.54；反之，把厘米转换成英寸时，将厘米值除以 2.54。

在 PyCharm 中编写的完整代码如下：

```
Case2_1.py
1    """
2        案例：英制单位和公制单位相互转换
3        技术：input()、print()、format()函数
4        日期：2020-03-26
5    """
6    value = float(input("请输入您要转换的数值:"))          #使用 input()获取值 value
7    unit = input("请输入数值的单位:")                      #使用 input()获取单位 unit
8    if unit == "in" or unit == "英寸":                    #如果单位是英寸或者 in
9        print("{}英寸={:.2f}厘米".format(value,value * 2.54))   #使用公式计算出厘米值
10   elif unit == "cm" or unit == "厘米":                  #如果单位是厘米或者 cm
11       print("{}厘米={:.2f}英寸".format(value,value / 2.54))   #使用公式计算出英寸值
12   else:
13       print("请输入有效单位!")                          #如果单位不对,提示输入有效单位
```

下面以身高为 226 cm 来验证程序的正确性，运行结果如下：

```
请输入您要转换的数值:226↙
请输入数值的单位:cm↙
226.0 厘米=88.98 英寸
```

然后用身高为 80.5 in 来进行验证，运行结果如下：

```
请输入您要转换的数值:80.5↙
请输入数值的单位:in↙
80.5 英寸=204.47 厘米
```

输入一个错误的单位，运行结果如下：

请输入您要转换的数值:226↙

请输入数值的单位:m↙

请输入有效单位!

代码分析:

第 1~5 行为多行注释语句,第 6~11 行和第 13 行采用了单行注释。注释可提高代码的可读性,建议读者养成注释代码的习惯。

定义变量 value 存储要转换的值,变量 unit 存储要转换的单位。变量的作用是存储数据,变量名称可以使用数字、字母、下划线的组合来进行命名,但是变量名称不能以数字开头,且不能与关键字一样。

第 6、7 行使用 input()函数,在程序运行中提示用户输入信息,提示内容就是函数括号中的内容。用户输入的数据会通过赋值符号(=)赋值给等号左边的变量 value 和 unit。

第 8、10、12 行使用 if 分支语句,对其后面的语句进行判断。只有其后的语句为 True 时才执行相应的后续动作;如果为 False,就会跳过 if 的执行语句而进行下一个判断。

第 9、11、13 行采用了缩进,缩进表示上下语句的逻辑层次关系。代码中的缩进必须一致,若要缩进 4 个空格就全部用 4 个空格缩进。如果不一致,那么程序在执行时就会报错。缩进是 Python 的语法要求,是强制要求。

第 9、11 行采用 print()函数输出转换后的结果,其参数的内容就是输出的结果。format()是一个函数,大括号"{}"里面的字符将被 format()中的参数替换,其中{:.2f}表示取小数点后两位。format()函数将在 2.8.6 节详细介绍。

Case2_1.py 可以实现生活中用公式表示的类似转换,如重量转换、汇率转换、距离转换、尺码转换、容量转换等,读者可以尝试编写类似的程序。

2.5　数字类型的运算

2.5.1　运算符类型

按照不同的功能,运算符可划分为算术运算符、赋值运算符、比较运算符、逻辑运算符、成员运算符、身份运算符。

1. 算术运算符

Python 中的算术运算符包括+、-、*、/、%、//和**,它们都是双目运算符,只要在终端输入由两个操作数和一个算术运算符组成的表达式,Python 解释器就会计算表达式,并给出计算结果。

以操作数 n = 7、m = 2 为例,算术运算符的功能说明及举例如表 2-2 所示。

表 2-2　算术运算符

符号	含义	功能说明	举例
+	加	两个操作数相加,得到操作数的和	n+m,结果为 9
-	减	两个操作数相减,得到操作数的差	n-m,结果为 5

符号	含义	功能说明	举例
*	乘	两个操作数相乘，得到操作数的积	n*m，结果为14
/	除	两个操作数相除，得到操作数的商	n/m，结果为3.5
%	取余	两个操作数相除，得到余数	n%m，结果为1
//	整除	两个操作数相除，得到商的整数部分	n//m，结果为3
**	幂	两个操作数进行幂运算，得到幂运算结果	n**m，结果为49

Python 中的算术运算符既支持相同类型的数据进行运算，也支持不同类型的数据进行混合运算。在混合运算时，Python 会强制将数据进行临时类型转换。这些转换遵循如下原则：

（1）布尔型数据进行算术运算时，将其视为数值 0 或 1。

（2）整型数据与浮点型数据进行混合运算时，将整型数据转换为浮点型数据。

（3）其他类型数据与复数进行运算时，将其他类型数据转换为复数。

简单来说，类型相对简单的数据与类型相对复杂的数据进行运算时，所得的结果为更复杂的类型。示例如下：

```
>>>   25 +False          #整型+布尔型,布尔型 False 会转换为 0
25
>>> 20 / 2.0             #整型/浮点型,整型 20 会转换为浮点型 20.0
10.0
>>>9+(5+2j)              #整型+复数,整型 9 会转换为复数 9+0j
(14+2j)
```

需要注意的是，除法操作符可能会改变操作数的类型。例如，两个整型数据 7 和 2 进行除法运算，所得的结果是浮点型：

```
>>>7/2                  #整型/整型,结果转换为浮点型
3.5
```

2. 赋值运算符

赋值运算符的作用是将一个表达式（或对象）赋给一个左值。左值是指一个能位于赋值运算符左边的表达式，它通常是一个可修改的变量。

所有算术运算符都可以与"="组合成复合赋值运算符，包括+=、-=、*=、/=、//=、%=、**=，它们的功能相似。

以操作数 n＝7、m＝2 为例，赋值运算符的功能说明及举例如表 2-3 所示。

表 2-3　赋值运算符

符号	含义	功能说明	举例
=	等	将右值赋给左值	n=m，n 为 7
+=	加等	将左值加上右值的结果赋给左值	n+=m，n 为 9
-+	减等	将左值减去右值的结果赋给左值	n-=m，n 为 5

续表

符号	含义	功能说明	举例
*=	乘等	将左值乘以右值的结果赋给左值	n*=m, n 为 14
/=	除等	将左值除以右值的结果赋给左值	n/=m, n 为 3.5
%=	取余等	将左值除以右值的余数赋给左值	n%=m, n 为 1
//=	整除等	将左值整除右值的商的整数部分赋给左值	n//=m, n 为 3
**=	幂等	将左值的右值次幂的结果赋给左值	n**=m, n 为 49

3. 比较运算符

比较运算符的功能是比较它两边的操作数，以判断操作数之间的关系。Python 中的比较运算符包括==、!=、>、<、>=、<=，它们通常用于布尔运算，其运算结果只能是 True 或 False。

以操作数 n＝7、m＝2 为例，比较运算符的功能说明及举例如表 2-4 所示。

表 2-4　比较运算符

符号	功能说明	举例
==	比较左值和右值，若两者相同则为 True，否则为 False	n==m，不成立，结果为 False
!=	比较左值和右值，若两者不相同则为 True，否则为 False	n!=m，成立，结果为 True
>	比较左值和右值，若左值大于右值则为 True，否则为 False	n>m，成立，结果为 True
<	比较左值和右值，若左值小于右值则为 True，否则为 False	n<m，不成立，结果为 False
>=	比较左值和右值，若左值大于或等于右值则为 True，否则为 False	n>=m，成立，结果为 True
<=	比较左值和右值，若左值小于或等于右值则为 Tue，否则为 False	n<=m，不成立，结果为 False

4. 逻辑运算符

逻辑运算符可以把多个条件按照逻辑进行连接，变成更复杂的条件。Python 中的逻辑运算符包括与（and）、或（or）、非（not）三种，下面分别介绍它们的功能。

当用 or 运算符连接两个操作数时，若左操作数的布尔值为 True，则返回左操作数或其计算结果（若为表达式），否则返回右操作数或其计算结果（若为表达式）。示例如下：

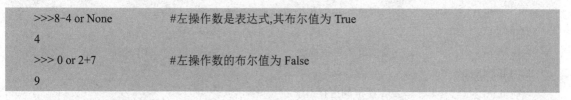

```
>>>8-4 or None          #左操作数是表达式,其布尔值为 True
4
>>> 0 or 2+7            #左操作数的布尔值为 False
9
```

当用 and 运算符连接两个操作数时，若左操作数的布尔值为 False，则返回左操作数或其计算结果（若为表达式），否则返回右操作数的执行结果。示例如下：

```
>>>5-5 and 7
0
>>>4+2 and 8
8
```

当用 not 运算符时，若操作数的布尔值为 False，则返回 True，否则返回 False。示例如下：

```
>>> not(2+3)
False
>>> not(3-3)
True
```

5. 成员运算符

Python 提供了富有特色的成员运算符，它能极大地提高编程效率，其主要功能是判断给定值是否在序列中，其中序列包括列表、元组、字符串等。成员运算符分为两种，分别是 in 和 not in。

（1）in：如果指定元素在序列中，则返回 True，否则返回 False。

（2）not in：如果指定元素不在序列中，则返回 True，否则返回 False。

成员运算符的用法示例如下：

```
>>>str1 = "good morning"
>>> 'good' in str1                    # 'good' 是否在 str1 中
True
>>> 'good' not in str1                 # 'good' 是否不在 str1 中
False
```

6. 身份运算符

Python 中的身份运算符分为 is 和 is not，用于判断两个对象的内存地址是否相同。

（1）is：测试两个对象的内存地址是否相同，若相同则返回 True，否则返回 False。

（2）is not：测试两个对象的内存地址是否不同，若不同则返回 True，否则返回 False。

例如，变量 n 的值为 36，变量 m 的值为 17，通过 is 来检查这两个变量的内存地址是否相同，再通过 id()函数进行验证。代码如下：

```
>>>n = 36              #定义变量 n
>>>m = n               #将 n 引用的内存地址赋值给 m
>>>n is m              #此时 n 和 m 引用的内存地址一样
True
>>> id(n)              #查看 n 的内存地址
8791452906864
>>> id(m)              #查看 m 的内存地址
8791452906864
```

2.5.2   运算符优先级

在表达复杂运算的时候，Python 支持使用多个不同的运算符连接简单表达式。但是当多个运算符共同使用的时候，为了避免含有多个运算符的表达式在运算过程中产生歧义，Python 为每种运算符都设定了优先级。将 Python 各种运算符按优先级由高到低排列，如表 2-5 所示。

表 2-5　运算符优先级

运算符	功能
**	指数
~	按位取反
+a　-b	正负号
*　/　%	乘法、除法、取余
+　-	加法、减法
<<　>>	按位左移、按位右移
&	按位与
^	按位异或
|	按位或
<　>　<=　>=　!=　==	比较
is　is not	身份测试
in　not in	成员测试
not	逻辑"非"
and	逻辑"与"
or	逻辑"或"

当表达式比较复杂时，要准确地辨别出运算符的先后运算顺序有时会比较困难，这时可以通过添加圆括号来改变表达式的先后执行次序，使括号中的表达式优先执行。例如，对于表达式"9-2/6"，如果希望先执行减法运算，则可以将表达式改写为"(9-2)/6"。

2.5.3　数字类型转换

Python 内置了一系列可实现强制类型转换的函数，可保证用户在有需求的情况下，将目标数据转换为指定的类型。数字间进行类型转换的函数有 float()、int()、bool()、complex()，这些函数的功能如表 2-6 所示。

表 2-6　类型转换函数

函数名称	函数功能
float()	将整型和符合数值类型规范的字符串转换为浮点型
int()	将浮点型、布尔型和符合数值类型规范的字符串转换为整型
bool()	将任意类型转换为布尔型
complex()	将其他数值类型或符合数值类型规范的字符串转换为复数类型

当浮点数转换为整数时，小数部分会发生截断，即舍弃小数点后的部分，而不是四舍五入。复数不能直接转换为其他数据类型，但是可以获取复数的实部或虚部，对它们进行分别转换。

使用 Python 中的 type()函数可以准确获取数值的类型。在具体应用中，用户可以使用类型转换函数来转换数据类型，并通过 type()函数来验证是否转换成功。示例如下：

```
>>> n = 3.14                    #n 为浮点数
>>> type(n)                     #查看 n 的类型
<class 'float'>
>>> m = int(n)                  #将浮点数转换为整数
>>> type(m)                     #查看 m 的类型
<class 'int'>
>>> f = 3 - 4j
>>> float(f.real)               #将 f 的实部转换为浮点数
3.0
>>> float(f.img)                #将 f 的虚部转换为浮点数
4.0
>>> complex('5+2j')             #将字符串转换为复数
(5+2j)
```

2.5.4　案例 3：体脂率计算

获取源代码

体脂率是指人体内脂肪重量在人体总体重中所占的比例，又称体脂百分数，它反映人体内脂肪含量的多少。以下案例通过输入一个人的身高、体重、年龄和性别信息来计算体脂率，并判断其体脂率是否在正常范围内。

计算体脂率时，首先计算身体质量指数（Body Mass Index，BMI），其计算公式如下：

$$BMI = 体重（kg）/（身高×身高）（m^2）$$

体脂率的计算公式如下：

$$体脂率 = 1.2×BMI + 0.23×年龄 - 5.4 - 10.8×性别（男：1；女：0）$$

一般成年人的正常体脂率范围：男性为 15%~18%；女性为 25%~28%。

代码如下：

```
Case2_2.py
1    """
2        案例：根据用户输入的数据计算体脂率
3        计算公式如下：
4        BMI = 体重(kg)/(身高*身高)(m^2)
5        体脂率 = 1.2*BMI + 0.23*年龄 - 5.4 -10.8*性别（男：1;女：0）
6        一般成年人的正常体脂率范围：男(15%~18%);女(25%~28%)
```

```
7           日期：2020-03-26
8      """
9      # 将输入的身高、体重转换为 float 型
10     person_height = eval(input("请输入身高(m)："))
11     person_weight = eval(input("请输入体重(kg)："))
12     person_age = eval(input("请输入年龄："))
13     person_sex = eval(input("请输入性别(男：1；女：0): "))
14     # 计算体脂率
15     BMI = person_weight/(person_height*person_height)
16     TZL = 1.2*BMI + 0.23*person_age −5.4 −10.8*person_sex
17     TZL/=100
18     # 判断体脂率是否在正常范围内
19     min_Num = 0.15 + 0.1 *(1−person_sex)
20     max_Num = 0.18 + 0.1 *(1−person_sex)
21     result = min_Num < TZL < max_Num
22     #输出结果,True 为在正常范围内,False 为不在正常范围内
23     print("您的体脂率：%.3f" %TZL)
24     if(result):
25         print("您的体脂率符合标准")
26     else:
27         print("您的体脂率不符合标准")
```

输入某位男性的数据，运行结果如下：

```
请输入身高(m)：1.78↙
请输入体重(kg)：72↙
请输入年龄：45↙
请输入性别(男：1；女：0): 1↙
您的体脂率：0.214
您的体脂率不符合标准
```

输入某位女性的数据，运行结果如下：

```
请输入身高(m)：1.63↙
请输入体重(kg)：52↙
请输入年龄：32↙
请输入性别(男：1；女：0): 0↙
您的体脂率：0.254
您的体脂率符合标准
```

2.6 模块 1：math 库

2.6.1 math 库简介

从本节开始，本书将在各章节介绍一些常用的 Python 模块。这些模块分为 Python 环境中默认支持的模块函数库，以及第三方提供的需要进行安装的模块。其中，默认支持的模块函数库也叫作标准模块或内置模块。

math 库是 Python 提供的内置数学模块，由于复数常用于科学计算，一般计算并不常用，因此 math 库不支持复数，仅支持整数和浮点数运算。math 库一共提供 4 个数学常数和 44 个函数。44 个函数共分为 4 类，包括 16 个数值表示函数、8 个幂对数函数、16 个三角对数函数和 4 个高等特殊函数。math 库中的函数较多，在实际编程中，如果需要采用 math 库，可以随时查看帮助文档，找到所需的相应函数。

在使用 math 库中的函数前，需要使用保留字 import 导入该库，否则不能使用。导入方式有以下三种。

1. 使用"import math"

对 math 库中函数采用"math.函数名()"的形式使用。示例如下：

```
>>> import math
>>> math.pow(3,2)            #返回 3 的 2 次幂
9
```

2. 使用"from math import 函数名"

采用这种方式导入 math 库后，只能使用导入的函数。示例如下：

```
>>> from math import sqrt
>>>sqrt(25)
5
```

3. 使用"from math import *"

采用这种方式导入 math 库后，math 库中的所有函数可以直接采用"函数名()"的形式使用。示例如下：

```
>>>from math import *
>>>sqrt(25)
5.0
>>>log2(3)
1.584962500721156
```

2.6.2　常数

数学运算中经常使用一些特别的常数，如圆周率 π、自然常数 e 等。math 库提供了 4 个常数，分别是 pi、e、inf 和 nan，它们对应的数学符号和含义如表 2-7 所示。

表 2-7　常数

常数	数学符号	含义
math.pi	π	圆周率，具体数值为 3.1415926536
math.e	e	自然常数，值为 2.7182818285
math.inf	∞	正无穷大，负无穷大为 −math.inf(−∞)
math.nan	—	非浮点数标记，值为 NaN

下面的代码利用 math 库输出自然常数 e 和圆周率 π 的值：

```
>>>import math
>>>print("自然常数 e：%.10f" % math.e)          #精确到小数点后 10 位
>>>print("圆周率 π"%.10f"% math.pi)             #精确到小数点后 10 位
```

运行结果如下：

```
自然常数 e：2.7182818285
圆周率 π：3.1415926536
```

2.6.3　数值表示函数

数学运算中除了一些基本运算以外，还支持一些特殊运算，如求绝对值、阶乘、最大公约数等。math 库提供了一些数值表示函数，这些函数对应的数学表示和功能描述如表 2-8 所示。

表 2-8　数值表示函数

函数名称	数学表示	功能描述
math.fmod(x,y)	$x \bmod y$	返回 x 与 y 的模
math.fabs(x)	$\lvert x \rvert$	返回 x 的绝对值
math.fsum([x,y,⋯])	$x+y+\cdots$	浮点数精确求和
math.ceil(x)	—	向上取整，返回不小于 x 的最小整数
math.mod f(x)	—	返回 x 的小数和整数部分
math.factorial(x)	$x!$	返回 x 的阶乘，如果 x 是小数或负数，则返回"ValueError"
math.gcd(a,b)	—	返回 a 与 b 的最大公约数
math.floor(x)	—	向下取整，返回不大于 x 的最大整数
math.frexp(x)	$x=m \times 2^{e}$	返回（m，e）；当 x=0 时，返回（0.0，0）

函数名称	数学表示	功能描述
math.ldexp(x,i)	$x \times 2^i$	返回 $x \times 2^i$ 运算值,是 math.frexp(x)函数的反运算
math.trunc(x)	—	返回 x 的整数部分
math.copysign(x,y)	$\lvert x \rvert \times \lvert y \rvert / y$	用数值 y 的正负号替换数值 x 的正负号
math.isclose(a,b)	—	比较 a 和 b 的相似性,返回 True 或 False
math.isfinite(x)	—	当 x 不是无穷大或 NaN 时,返回 True,否则返回 False
math.isinf(x)	—	当 x 为正负无穷大时,返回 True,否则返回 False
math.isnan(x)	—	当 x 是 NaN 时,返回 True,否则返回 False

Python 中浮点数的精度有限,无法支持高精度浮点数的运算。为了解决这个问题,math 库提供了一个计算多个浮点数和的函数 math.fsum(iterable),其在数学求和运算中十分有用。示例如下:

```
>>>0.1+0.2+0.3
0.6000000000000001
>>> import math
>>> math.fsum([0.1,0.2,0.3])
0.6
```

由于 Python 解释器内部表示存在一个小数点后若干位的精度尾数,因此当进行浮点数运算时,这个精度尾数可能影响输出结果。在涉及浮点数运算及结果比较时,建议采用 math 库提供的函数,而不直接使用 Python 提供的运算符。

2.6.4　三角函数

三角函数将三角形中的角与其边长相互关联,在标准库中,大部分三角函数的输入值单位都是弧度。math 库中三角函数对应的数学表示与功能描述如表 2-9 所示,

表 2-9　三角函数

函数名称	数学表示	功能描述
math.sin(x)	$\sin x$	返回 x 的正弦函数值
math.cos(x)	$\cos x$	返回 x 的余弦函数值
math.tan(x)	$\tan x$	返回 x 的正切函数值
math.asin(x)	$\arcsin x$	返回 x 的反正弦函数值
math.acos(x)	$\arccos x$	返回 x 的反余弦函数值
math.atan(x)	$\arctan x$	返回 x 的反正切函数值
math.degrees(x)	—	将角度 x 的弧度值转换为角度值
math.radians(x)	—	将角度 x 的角度值转换为弧度值
math.atan2(y,x)	$\arctan y/x$	返回 y/x 的反正切函数值

例如,arctan1 的值是 $\pi/4$,可利用 math 库的 atan()函数计算 π 值,代码如下:

>>>math.atan(1)*4

3.141592653589793

2.6.5 幂函数和对数函数

在数学运算中，幂运算和指数运算是比较常见的，math 库针对这些运算提供了相应的函数，这些函数所对应的数学表示和功能描述如表 2-10 所示。

表 2-10 幂对数函数

函数名称	数学表示	功能描述
math.sqrt(x)	$\sqrt{x}$	返回 x 的平方根
math.exp(x)	e^x	返回 e 的 x 次幂，e 是自然对数
math.expml(x)	e^x-1	返回 e 的 x 次幂减 1
math.pow(x,y)	x^y	返回 x 的 y 次幂
math.log(x[,base])	$\log_{base} x$	返回 x 的对数值。只输入 x 时，返回自然对数，即 $\ln x$
math.log1p(x)	$\ln(1+x)$	返回 1+x 的自然对数值
math.log2(x)	$\log_2 x$	返回 x 的以 2 为底的对数值
math.log10(x)	$\log_{10} x$	返回 x 的以 10 为底的对数值

在指数运算中，如果调用 pow()函数传入的指数小于 1，则表示该函数做的是开根运算。示例如下：

>>>math.pow(64,1/3)

3.9999999999999996

之所以运算结果不是 4，是因为先将 1/3 运算为 0.3333333333333333，再进行以下运算：

>>>math.pow(64,0.3333333333333333)

所以结果为 3.9999999999999996，这与正常的数学运算结果是不相同的，存在精度误差。

2.6.6 高等特殊函数

math 库中还增加了一些具有特殊功能的高等特殊函数，关于它们的功能描述如表 2-11 所示。

表 2-11 高等特殊函数

函数名称	功能描述
math.erf(x)	高斯误差函数，应用于概率论、统计学等领域
math.erfc(x)	余补高斯误差函数
math.gamma(x)	伽玛函数，又称欧拉第二积分函数
math.lgamma(x)	伽玛函数的自然对数

高斯误差函数在概率论、统计学以及偏微分方程中有着广泛的应用，而伽玛函数在分析学、概率论、偏微分方程和组合数学中有着广泛的应用，它们均不属于初等数学，但是非常有趣。例如，利用伽玛函数可计算浮点数的"阶乘"，而 math.factorial() 函数只能计算非负整数的阶乘。示例如下：

```
>>>math.factorial(8)          #计算 8 的阶乘
40320
>>>math.gamma(8)              #计算 7 的阶乘
5040.0
>>>math.gamma(0.3)
2.991568987687591
```

2.7　案例 4：积跬步以至千里，积懈怠以至深渊！

获取源代码

积跬步以至千里，积怠惰以致深渊！这句话的意思是：事在人为，努力就有收获，每天前进一小步，一年下来就是跨了一大步；如果每天落后一小步，一年下来就有非常大的差距。

下面我们编写程序来实现"积跬步以至千里，积懈怠以至深渊！"的模拟运算，计算如果一个人每天进步 1%，一年后会进步多少？如果他每天退步 1%，一年后会有多少退步？

案例使用 math 库实现，进步 1% 就是 0.01，1+0.01=1.01，365 天的累计就变成了 1.01^{365}，退步可以写作 0.99^{365}。

在 math 库中，幂运算使用 pow() 函数，其语法如下：

```
math.pow(x,y)          # 返回 x 的 y 次幂
```

每天进步 1% 和每天退步 1% 分别表示如下：

```
pow(1.01,365)
pow(0.99,365)
```

本案例的代码如下：

```
Case2_3.py
1     """
2         案例：积跬步以至千里,积懈怠以至深渊!
3         技术：采用 math.pow()实现
4         日期：2020-03-26
5     """
6     #导入 math 库
7     from math import *
8     #输入进步或退步的幅度
9     dayfactor = eval(input("您准备每天进步或退步的幅度是百分之："))*0.01
10    # 调用 math.pow()
```

```
11    dayup=pow(1+dayfactor,365)
12    daydown=pow(1-dayfactor,365)
13    print("每天进步",dayfactor,"的结果: {:.6f} ".format(dayup))
14    print("每天退步",dayfactor,"的结果: {:.6f} ".format(daydown))
```

当每天进步或者退步 1%时，运行结果如下：

您准备每天进步或退步的幅度是百分之：1✓

每天进步 0.01 的结果：37.783434

每天退步 0.01 的结果：0.025518

当每天进步或者退步 2%时，运行结果如下：

您准备每天进步或退步的幅度是百分之：2✓

每天进步 0.02 的结果：1377.408292

每天退步 0.02 的结果：0.000627

从以上数值对比可以看出，每天你比别人更努力一点，时间久了，就会产生巨大的差距。1.01^{365} 说明，哪怕每天比前一天只有一点点进步，只要坚持下去，一年后就会取得骄人的成绩；0.99^{365} 说明，哪怕每天比前一天只少做一点点，如果天天这样懈怠，一年后就会出现惊人的退步。

2.8 字符串类型及操作

字符串是一组由字符构成的序列，是 Python 中最常用的数据类型。与其他编程语言不同，Python 中的字符串并不支持动态修改。本节将对字符串的表示方式、字符串切片处理、格式化字符串、字符串操作符、字符串处理函数等进行详细介绍。

2.8.1 字符串的表示方式

字符串是字符的序列表示，可以由一对单引号（' '）、双引号（" "）或三引号（""" ""）构成。其中，单引号和双引号都可以表示单行字符串，两者的作用相同。使用单引号时，双引号可以作为字符串的一部分；使用双引号时，单引号可以作为字符串的一部分；三引号可以表示单行或多行字符串。

1. 单行字符串

单行字符串包含在一对单引号或一对双引号中。例如：

```
#合法的字符串
'Hello Wor"ld!'
"Python","Pyt'hon"
#不合法的字符串
'Hello Wor'ld!'
"Py"thon"
```

单引号括起的字符串中可以包含双引号，但不能直接包含单引号，因为 Python 解释器会将字符串中出现的单引号与标识字符串的第一个单引号配对，系统会认为字符串到此就输出完毕了。同样，使用双引号标识的字符串中不能直接包含双引号。若要解决以上问题，可以对字符串中的特殊字符（单引号、双引号或其他）进行转义处理，即在特殊字符的前面插入转义字符 "\"，使转义字符与特殊字符组成新的含义。示例如下：

```
>>>"you can\'t go"          #对单引号进行语句转化,转化为"you can't go"
"you can't go"
```

以上代码使用转义字符对单引号进行了转义，解释器此时不再将单引号视为字符串的语法标志，而是将其与转义字符视为一个整体。

反斜杠字符 "\" 是一个特殊字符，在字符串中表示转义，即该字符与后面相邻的一个字符共同组成了新的含义。例如，\n 表示换行、\\表示反斜杠、\'表示单引号、\"表示双引号、\t 表示制表符（Tab）等。示例如下：

```
>>> print("中国\n 是一个\\历史悠久\t 的国家")
中国
是一个\历史悠久  的国家
```

除此之外，还可以在字符串的前面添加 r 或者 R，将字符串中的所有字符按字面的意思使用，禁止转义字符的实际意义。例如：

```
>>> print(r"\nD:\PycharmCode\Chapter02")        #\n 表示换行符,通过 r 禁止其实际意义
D:\PycharmCode\Chapter02
```

2. 多行字符串

多行字符串以一对三单引号或三双引号作为边界来表示。示例如下：

```
txt ='''中国位于亚洲东部,太平洋西岸
是一个历史悠久的国家'''
print(txt)
```

运行结果如下：

```
中国位于亚洲东部,太平洋西岸
是一个历史悠久的国家
```

通常情况下，三引号表示的字符串代表文档字符串（多行注释），主要用来说明包、模块、类或者函数的功能。例如，Case2_3.py 中的注释如下：

```
1    """
2         案例：积跬步以至千里,积懈怠以至深渊!
3         技术：采用 math.pow()实现
4         日期：2020-03-26
5    """
```

另外，Python 的所有函数都有相应的注释。例如，pow()函数的说明注释如下：

```
def pow(*args,**kwargs):#real signature unknown
    """ Return x**y(x to the power of y). """
    pass
```

2.8.2 字符串切片处理

字符串在操作过程中经常用到切片处理方式。切片是指对操作的对象截取其中一部分的操作。字符串、列表、元组都支持切片操作，字符串切片的语法格式如下：

```
[起始:结束:步长]
```

需要注意的是，切片选取的区间属于左闭右开型，即从"起始"位开始，到"结束"位的前一位结束（不包含结束位本身）。示例如下：

```
>>>name = "Python programmer"
>>>print(name[0:5])          #取下标为 0~4 的字符
>>>print(name[3:9])          #取下标为 3~8 的字符
>>>print(name[2:-1])         #取下标从 2 开始到倒数第 2 个之间的字符
>>>print(name[3:])           #取下标从 3 开始到最后的字符
>>>print(name[::-2])         #逆序,从后往前取步长为 2 的字符
```

运行结果如下：

```
Pytho
hon pr
thon programme
hon programmer
rmagr otP
```

2.8.3 字符串操作符

Python 提供了 5 个字符串操作符，如表 2-12 所示。

表 2-12　字符串操作符

操作符	功能
+	x+y 表示连接字符串 x 与字符串 y
*	x*n 表示复制 n 次字符串 x
in	x in s 表示如果 x 是 s 的子串，则返回 True，否则返回 False
str[i]	索引，返回第 i 个字符
str[N:M]	切片，返回索引第 N~M 个字符的子串，其中不包含 M

字符串常见操作符的用法示例如下：

```
>>>"Python 程序设计"+"案例教程"
'Python 程序设计案例教程'
>>>"Good"*3
' GoodGoodGood '
>>> bookname="Python 程序"+"设计案例教程"
>>>"Python" in bookname
True
```

2.8.4　字符串处理函数

Python 解释器提供了一些字符串处理函数，部分如表 2-13 所示。

表 2-13　字符串处理函数（部分）

函数	功能
str(x)	返回任意类型 x 所对应的字符串形式
len(x)	返回字符串 x 的长度，也可返回其他组合数据类型元素个数
ord(x)	返回单字符表示的 Unicode 编码

str(x)用于返回 x 的字符串形式，x 可以是数字类型或其他类型。示例如下：

```
>>> str(3.1415926)
'3.1415926'
```

len(x)用于返回字符串 x 的长度。由于 Python 3.×以 Unicode 字符为计数基础，因此字符串中的英文字符和中文字符都是 1 个长度单位。

```
>>> len("Python 程序设计案例教程")
14
>>> word = 'b'
>>>ord(word)
98
```

2.8.5　字符串内置处理方法

在 Python 解释器内部，所有数据类型都采用面向对象方式实现，封装为一个类。字符串也是一个类，它具有类似"字符串名.函数名()"形式的字符串处理函数。在面向对象编程中，这类函数被称为"方法"。

字符串类型共包含 43 个内置处理方法，表 2-14 列出了常用的内置处理方法（str 代表字符串或变量）。

表 2-14　字符串常用的内置处理方法

方法名称	功能描述
str.isdigit()	若字符串 str 中只包含数字,则返回 True;否则返回 False
str.isnumeric()	若字符串 str 的所有字符都是数字,则返回 True;否则返回 False
str.lower()	返回字符串 str 的副本,全部字符小写
str.upper()	返回字符串 str 的副本,全部字符大写
str.islower()	若字符串 str 的所有字符都是小写,就返回 True;否则返回 False
str.isprintable()	若字符串 str 的所有字符都是可打印的,就返回 True;否则返回 False
str.isspace()	若字符串 str 的所有字符都是空格,就返回 True;否则返回 False
str.endswith(suffix[,start[,end]])	若字符串 str[start:end] 以 suffix 结尾,就返回 True;否则返回 False
str.startswith(prefix[,start[,end]])	若字符串 str[start:end] 以 prefix 开始,就返回 True;否则返回 False
str.split(sep=None,maxsplit=-1)	返回一个列表,由字符串 str 根据 sep 被分隔的部分构成
str.count(sub[,start[,end]])	返回字符串 str[start:end] 中 sub 子串出现的次数
str.replace(old,new[,count])	返回字符串 str 的副本,所有 old 子串被替换为 new,如果 count 给出,则前 count 次 old 出现被替换
str.center(width[,fillchar])	字符串居中函数,将字符串居中,两边填充指定字符 fillchar
str.strip([chars])	返回字符串 str 的副本,在其左侧和右侧去掉 chars 中列出的字符
str.zfill(width)	返回字符串 str 的副本,长度为 width,不足部分在左侧添 0
str.format()	返回字符串 str 的一种排版格式
str.join(iterable)	返回一个新字符串,由组合数据类型 iterable 变量的每个元素组成,元素间用 str 分隔

上表列出的内置处理方法在字符串处理中经常使用,受篇幅所限,以下仅介绍部分处理方法。

1. 大小写转换

1) lower、upper

```
str.lower()
str.upper()
```

功能:分别返回字符串 str 的小写、大写格式。注意:这时在另一内存片段中新生成一个字符串。示例如下:

```
>>>'def PQ'.lower()
'def pq'
>>> 'def PQ'.upper()
'DEF PQ'
```

2) title、capitalize

```
str.title()
str.capitalize()
```

功能：title()返回字符串 str 中所有单词首字母大写且其他字母小写的新字符串，capitalize()返回首字母大写且其他字母全部小写的新字符串。示例如下：

```
>>> 'def PQ'.title()
'Def Pq'
>>> 'def PQ'.capitalize()
'Def pq'
```

3）swapcase

```
str.swapcase()
```

功能：对字符串 str 中的所有字符做大小写转换，即大写转换成小写，小写转换成大写。示例如下：

```
>>> 'def PQ'.swapcase()
'DEF pq'
```

2. 填充

1）center

```
str.center(width[,fillchar])
```

功能：将字符串居中，左右两边用 fillchar 进行填充，使整个字符串的长度为 width。fillchar 默认为空格。如果 width 小于字符串的长度，则无法填充，而直接返回字符串本身。示例如下：

```
>>> 'de'.center(4,'_')        # 使用下划线填充并居中字符串
'_de_'
>>> 'de'.center(5,'_')
'__de_'
```

2）ljust 和 rjust

```
str.ljust(width[,fillchar])
str.rjust(width[,fillchar])
```

功能：ljust()用 fillchar 填充在字符串 str 的右边，使整体长度为 width。rjust()则用 fillchar 填充在字符串 str 的左边。如果不指定 fillchar，则默认使用空格填充。如果 width 小于或等于字符串 str 的长度，则无法填充，而直接返回字符串 str。示例如下：

```
>>> 'abc'.ljust(6,'_')
'abc___'
>>> 'abc'.rjust(6,'_')
'___abc'
```

3. 子串搜索

1）count

```
str.count(sub[,start[,end]])
```

功能：返回字符串 str 中子串 sub 出现的次数，可以指定从哪里开始计算（start）以及计算到哪里结束（end），索引位置从 0 开始计算，不包括 end 边界。示例如下：

```
>>> 'xyabxyxy'.count('xy')
3
```

以下代码的运行结果为 2，因为从索引位置 1 算起（即从 'y' 开始查找），查找的范围为 'yabxyxy'。

```
>>> 'xyabxyxy'.count('xy',1)
2
```

以下代码的运行结果为 1，因为不包括 end，所以查找的范围为 'yabxyx'。

```
>>> 'xyabxyxy'.count('xy',1,7)
1
```

2）endswith 和 startswith

```
str.endswith(suffix[,start[,end]])
str.startswith(prefix[,start[,end]])
```

功能：endswith()用于检查字符串 str 是否以 suffix 结尾，返回布尔值 True 或 False。suffix可以是一个元组，可以指定起始（start）和结尾（end）的搜索边界。同理，startswith()用于判断字符串 str 是否是以 prefix 开头。示例如下：

```
>>> 'abcxyz'.endswith('xyz')
True
```

以下代码的运行结果为 False，因为搜索范围为 'yz'：

```
>>> 'abcxyz'.endswith('xyz',4)
False
```

以下代码的运行结果为 False，因为搜索范围为 'abcxy'：

```
>>> 'abcxyz'.endswith('xyz',0,5)
False
```

以下代码的运行结果为 True，因为搜索范围为 'abcxyz'：

```
>>> 'abcxyz'.endswith('xyz',0,6)
True
```

4. 分割（split、rsplit 和 splitlines）

```
str.split(sep=None,maxsplit=-1)
str.rsplit(sep=None,maxsplit=-1)
str.splitlines([keepends=True])
```

功能：以上三个方法都可用于分割字符串，并生成一个列表。split()根据 sep 对字符串 str 进行分割，maxsplit 用于指定分割次数，如果不指定 maxsplit 或给定值为"-1"，则从左向右搜索并且每遇到 sep 一次就分割，直到搜索完字符串。如果不指定 sep 或指定为 None，则改变分割算法，以空格为分隔符，且将连续的空白压缩为一个空格。rsplit()和 split()的功能相似，只不过从右向左搜索。splitlines()用来分割换行符。split()示例如下：

```
>>> '1,2,3'.split(',')
['1','2','3']
>>> '1,2,3'.split(',',1)
['1','2,3']              #只分割了一次
>>> '1,2,,3'.split(',')
['1','2','','3']         #不会压缩连续的分隔符
>>> '<hello><><world>'.split('<')
['','hello>','>','world>']
```

sep 为多个字符时：

```
>>> '<hello><><world>'.split('<>')
['<hello>','<world>']
```

不指定 sep 时：

```
>>> '1 2 3'.split()
['1','2','3']
```

2.8.6　字符串类型的格式化

1. 使用格式符"%"对字符串格式化

对字符串格式化时，Python 将一个带有格式符的字符串作为模板，这个格式符用于为真实值预留位置，并说明真实数值应该呈现的格式。示例如下：

```
>>>"亲爱的%s 你好" % "李晓明"
'亲爱的李晓明你好'
```

以上所示的字符串"亲爱的%s 你好"是一个模板，该字符串中的"%s"是一个格式符，用来给字符串类型的数据预留位置；"李晓明"是替换"%s"的真实值。模板和真实值之间有一个"%"，表示执行格式化操作。"李晓明"会替换模板中的"%s"，最终返回字符串"亲爱的李晓明你好"。

另外，Python 可以用一个元组（即小括号里面包含多个基本数据类型）将多个值传递给模板，元组中的每个值对应一个格式符。示例如下：

```
>>>"亲爱的%s 你好，你在%d 月的话费是：%.2f 元" % ("李晓明",3,88.5)
'亲爱的李晓明你好，你在 3 月的话费是：88.50 元'
```

上述示例中，"亲爱的%s 你好，你在%d 月的话费是：%.2f 元"是一个模板，其中"%s"为第 1 个格式符，用于为字符串类型的数据占位，"%d"为第 2 个格式符，用于为整型数据占位，"%.2f"为第 3 个格式符，用于为浮点型数据占位。"李晓明""3""88.5"是替换"%s""%d"和".2f"的真实值，在模板和元组之间使用"%"分隔，最终返回的字符串是"亲爱的李晓明你好，你在 3 月的话费是：88.50 元"。

Python 还支持其他类型的格式符，常用的格式符如表 2-15 所示。

表 2-15　常用的格式符

格式符	功能描述
%i 或%d	有符号十进制整数
%s	通过 str()转换后的字符串
%c	字符
%o	八进制整数
%f	十进制浮点数（小写字母）
%F	十进制浮点数（大写字母）
%x	十六进制整数（小写字母）
%X	十六进制整数（大写字母）
%e	科学记数法，小写"e"
%E	科学记数法，大写"E"
%g	浮点数或指数，根据值的大小选择采用%f 或%e
%G	浮点数或指数，根据值的大小选择采用%F 或%E

以格式符方式格式化字符时，支持通过字典传值，这时需要先以"(name)"的形式对变量进行命名，每个命名对应字典的一个键。示例如下：

```
>>>"大家好，我叫%(name)s，今年%(age)d 岁了" % {'name':'李晓明','age':20}
'大家好，我叫李晓明，今年 20 岁了'
```

另外，还可以进一步控制字符串的格式。示例如下：

```
>>>import math
>>>print("%.7f"%math.pi)          #表示精确到小数点后 7 位
3.1415927
>>>print("%+10o"%12)              #+表示右对齐，宽度为 10，十六进制
        +14
>>>print("%05d"%9)               #表示用 0 填充，宽度为 4，十进制整型
00009
```

2. 使用 format()方法对字符串格式化

Python 3.×中引入了一种新的字符串格式化方法：format()。它摆脱了操作符"%"的特殊用法，使字符串格式化的语法更加规范。

1）format()的使用方法

format()的基本使用格式如下：

<模板字符串>.format(<逗号分隔的参数>)

其中，模板字符串由一系列大括号（{}）组成，用于控制修改字符串中嵌入值出现的位置，其基本思想是将 format()中用逗号分隔的参数按照序号关系替换到模板字符串的{}中。如果模板字符串中有多个{}，并且{}内没有指定任何序号（序号从 0 开始编号），则默认按照{}出现的顺序分别用参数替换，如图 2-2 所示。

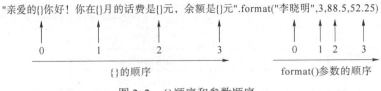

图 2-2　{}顺序和参数顺序

示例如下：

```
>>>"亲爱的{}你好！你在{}月的话费是{}元，余额是{}元。".format("李晓明",3,88.5,52.25)
'亲爱的李晓明你好！你在 3 月的话费是 88.5 元，余额是 52.25 元。'
```

如果大括号中指定了使用参数的序号，则按照序号对应参数替换，如图 2-3 所示，参数从 0 开始编号。

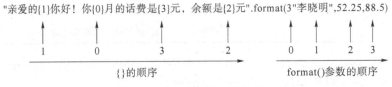

图 2-3　{}与参数的对应关系

示例如下：

```
>>>"亲爱的{1}你好！你在{0}月的话费是{3}元，余额是{2}元。".format(3,"李晓明",52.25,88.5)
'亲爱的李晓明你好！你在 3 月的话费是 88.5 元，余额是 52.25 元。'
```

使用 formal()方法可以非常方便地连接不同类型的变量或内容，如果需要输出大括号，则用"{{"表示"{"，用"}}"表示"}"。示例如下：

```
>>>"{}{}{}".format("圆周率是",3.1415926,"…")
'圆周率是 3.1415926…'
>>>"圆周率{{{1}{2}}}是{0}".format("无理数",3.1415926," …")
'圆周率{3.1415926…}是无理数'
```

2）format()格式控制

在 format()方法中，模板字符串的{}除了可以包含参数序号，还可以包含格式控制信息，此时{}的内部样式如下：

```
{<参数序号>:<格式控制标记>}
```

其中，格式控制标记用来控制参数显示时的格式，格式内容如图 2-4 所示。

:	<填充>	<对齐>	<宽度>	<,>	<.精度>	<类型>
引导符号	用于填充的单个字符	<表示左对齐 >表示右对齐 ^表示居中对齐	{}的设定输出字符宽度	数字的千位分隔符 适用于整数和浮点数	浮点数小数部分的精度或字符串的最大输出长度	整数类型： d,b,c,o,x,X； 浮点数类型： f,%,e,E

图 2-4　{}中格式控制标记的字段

格式控制标记包括<填充>、<对齐>、<宽度>、<,>、<.精度>、<类型>6 个字段，这些字段都是可选的，可以组合使用。<宽度>、<对齐>和<填充>是 3 个相关字段。<宽度>指当前{}的设定输出字符宽度，如果该{}对应的 format()参数长度比<宽度>的设定值大，则使用参数实际长度；如果该值的实际位数小于指定宽度，则位数将默认以空格字符补充。<对齐>指参数在宽度内输出时的对齐方式，分别使用<、>和^表示左对齐、右对齐和居中对齐。<填充>指宽度内除了参数外的字符采用什么方式表示，默认采用空格，也可以通过填充来更换。示例如下：

```
>>>str = "Pycharm"
>>>"{0:20}".format(str)              #默认左对齐
'Pycharm             '
>>>"{0:#^20}".format(str)            #居中对齐且使用#填充
'######Pycharm######'
>>>"{0:>20}".format(str)             #右对齐
'             Pycharm'
>>>"{0:4}".format(str)
'Pycharm'
```

格式控制标记中的逗号（,）用于显示数字类型的千位分隔符。示例如下：

```
>>>"{0:-^30}".format(1234567890)
'----------1234567890----------'
>>>"{0:-^30,}".format(1234567890)    #,千位分隔
'--------1,234,567,890---------'
>>>"{0:-^30,}".format(123456.7890)
'---------123,456.789----------'
```

<.精度>由小数点（.）开头，表示两个含义：对于浮点数，精度表示小数部分输出的有效位数；对于字符串，精度表示输出的最大长度。示例如下：

```
"{0:.3f}".format(123.45678)
'123.457'
"{0:.3}".format("1234567")
'123'
```

<类型>表示输出整数和浮点数的格式规则。对于整数，输出格式有以下 6 种。

（1）d：输出整数的十进制数。

（2）b：输出整数的二进制数。

（3）c：输出整数对应的 Unicode 字符。

（4）o：输出整数的八进制数。

（5）x：输出整数的小写十六进制数。

（6）X：输出整数的大写十六进制数。

示例如下：

```
>>>"{0:d},{0:b},{0:c},{0:o},{0:x},{0:X}".format(225)
'225,11100001,á,341,e1,E1'
```

对于浮点数类型，输出格式有以下 4 种。

（1）f：输出浮点数的标准浮点形式。

（2）%：输出浮点数的百分形式。

（3）e：输出浮点数对应的小写字母 e 的指数形式。

（4）E：输出浮点数对应的大写字母 E 的指数形式。

输出浮点数时，尽量使用<.精度>表示小数部分的宽度，这有助于更好控制输出格式。

示例如下：

```
>>>"{0:f},{0:%},{0:e},{0:E}".format(2.78)
'2.780000,278.000000%,2.780000e+00,2.780000E+00'
>>>"{0:.3f},{0:.3%},{0:.3e},{0:.3E}".format(2.78)
'2.780,278.000%,2.780e+00,2.780E+00'
```

2.9 案例 5：文本进度条

获取源代码

本案例将利用 Python 字符串处理方法来实现文本进度条功能，案例涉及 print()函数、for 循环、format()方法的使用。首先，定义一个变量，用于接收总的任务量；然后，在 for 循环体中编写表示已完成、未完成、完成百分比；最后，使用 format()方法将字符串进行格式化输出。

利用 print ()函数实现文本进度条的基本思想：按照任务执行百分比将整个任务划分为 100 个单位，每执行 N% 就输出一次进度条。每行输出包含进度百分比、代表已完成的部分（*）和未完成的部分（.）。程序运行效果如下：

```
38%[******************..........................]
```

由于程序执行速度远超过人眼的视觉停留时间，直接进行字符输出几乎是在瞬间完成，这不利于观察。为了模拟任务处理的时间效果，调用 Python 标准时间库 time。关于时间模块 time 的详细使用方法，将 6.7 节介绍。使用 time.sleep(seconds)函数将当前程序暂时挂起 seconds 秒，seconds 可以是小数。由此，可以接近真实地模拟进度条效果输出。导入时间模块 time 的语法如下：

```
>>> import time
```

默认情况，print()函数在输出结尾处会自动产生一个 '\n'（即换行符），从而让光标自动移动到下一行行首，为了实现光标不换行，就在 print 最后增加 "end="""。进度条的已完成、未完成、完成百分比通过以下代码实现：

```
print("\r{:.0f}%[{}{}]".format(percentage,completed,incomplete),end="")
```

采用 for 循环和 print()函数构成程序的主体部分，使用（:.0f）格式化百分比部分。需要说明的是：\r 在这里表示将默认输出的内容返回第一个指针，后面的内容会覆盖前面的内容，这样就达到了实时显示进度条的功能。案例完整代码如下：

```
Case2_4.py
1    """
2          案例：文本进度条
3          技术：采用 time 库、for、format 实现
4          日期：2020-03-26
5    """
6    #导入 time 库
7    import time
8    incomplete_sign = 50                              #.的数量
9    # 输出开始下载字符串
10   print('='*23+'开始下载'+'='*25)
11   for i in range(incomplete_sign + 1):
12       completed = "*" * i                          #表示已完成
13       incomplete = "." * (incomplete_sign – i)     #表示未完成
14       percentage = (i / incomplete_sign)* 100      #百分比
15       print("\r{:.0f}%[{}{}]".format(percentage,completed,incomplete),end="")
16       time.sleep(0.5)                              #程序挂起 0.5 秒,即 0.5 秒更新一次
17   # 输出下载完成字符串
18   print("\n" + '='*23+'下载完成'+'='*25)
```

程序运行中的过程如下：

```
==========================开始下载=========================
30%[**************.................................]
```

程序运行结束后的结果如下，可以看出程序非常完美地模拟了进度条的运行效果。

```
=================开始下载=================
100%[***************************************************]
=================下载完成=================
```

2.10   本章小结

本章首先介绍了 Python 的基础知识，包括编码规范、变量及输入输出语句的使用方法；然后介绍了计算机中常用的数字类型及操作，包括 Python 内置的数值运算操作和数字类型转换函数等；进一步介绍了常用的数学计算标准库 math 库。本章还详细介绍了字符串类型及其操作和格式化方法，并通过字符串格式化实现了控制台风格的文本进度条。

● 习 题

一、选择题

1．假设 a=7、b=2，在下列运算中，错误的是（   ）。

A．a+b 的值是 9   B．a//b 的值是 3

C．a%b 的值是 1   D．a**b 的值是 14

2．下列符号中，表示 Python 中单行注释的是（   ）。

A．<!--->   B．//   C．#   D．" "

3．下列选项中，Python 不支持的数据类型有（   ）。

A．int   B．char   C．float   D．dict

4．下列关于 Python 中的复数，说法错误的是（   ）。

A．表示复数的语法是 real+imagej

B．实部和虚部都是浮点数

C．虚部必须有小写的后缀 j

D．一个复数必须有表示虚部的实数和 j

5．当需要在字符串中使用特殊字符时，Python 使用（   ）作为转义字符。

A．\   B．/   C．#   D．%

6．下列数据中，不属于字符串的是（   ）。

A．"76man"   B．good   C．'efg'   D．'''perfect'''

7．使用（   ）符号对浮点型的数据进行格式化。

A．%c   B．%f   C．%d   D．%s

8．在字符串 "Hello,Peter" 中，字符 'P' 对应的下标位置为（   ）。

A．4   B．5   C．6   D．7

9．下列方法中，能够返回某个子串在字符串中出现次数的是（   ）。

A．length   B．index   C．count   D．find

10．下列方法中，能够让所有单词的首字母变成大写的方法是（   ）。

A．capitalize   B．title   C．upper   D．ljust

二、填空题

1．Python 的浮点数占（   ）字节。

2．如果要在计算机中表示浮点数 $2.7×10^6$，则表示方法为（　　　　　）。

3．若 a=20，那么 bin(a)的值为（　　　　　）。

4．如果想测试变量的类型，可以使用（　　　　　）来实现。

5．若 a=3、b=5，那么 a or b 的值为（　　　　　）。

6．字符串是一种表示（　　　　　）数据的类型。

7．像双引号这样的特殊符号，需要对它进行（　　　　　）输出。

8．Python 3.×提供了（　　　　　）函数从标准输入（如键盘）读入一行文本。

9．（　　　　　）指的是对操作的对象截取其中的一部分。

10．切片选取的区间是（　　　　　）型的，不包含结束位的值。

三、判断题

1．Python 中的代码块使用缩进来表示。（　　　　　）

2．Python 中的多行语句可以使用反斜杠来实现。（　　　　　）

3．Python 中的标识符不区分大小写。（　　　　　）

4．Python 中的标识符不能使用关键字。（　　　　　）

5．Python 中的成员运算符用于判断指定序列中是否包含某个值。（　　　　　）

6．比较运算符用于比较两个数，其返回的结果只能是 True 或 False。（　　　　　）

7．无论使用单引号还是使用双引号包含字符，使用 print()输出的结果都一样。（　　　　　）

8．无论 input()接收哪种数据，都会以字符串的方式进行保存。（　　　　　）

9．Python 中只有一个字母的字符串属于字符类型。（　　　　　）

10．使用索引可以访问字符串中的每个字符。（　　　　　）

11．Python 中字符串的索引是从 1 开始的。（　　　　　）

12．切片选取的区间范围是从起始位开始，到结束位结束。（　　　　　）

13．如果 index()方法没有在字符串中找到子串，则返回-1。（　　　　　）

四、编程题

1．请参考程序 Case2_1.py，完成汇率兑换程序，按照 1 美元=6.8 人民币的汇率编写美元和人民币的双向兑换程序。

2．一年按 365 天计，以 1.0 作为每天的能力值基数，每天原地踏步则能力值为 1.0，每天努力一点则能力值提高 1%，每天再努力一点则能力值提高 2%，一年后，这三种行为收获的成果相差多少呢？请利用 math 库编写程序，求解下列公式。

$$1^{365}=?$$
$$(1+0.01)^{365}=?$$
$$(1+0.02)^{365}=?$$

3．判断水仙花数。水仙花数是一个 3 位数，它的每位数字的 3 次幂之和等于它本身。例如，$1^3+5^3+3^3=153$，153 就是一个水仙花数。编写程序，判断用户输入的 3 位数是否为水仙花数。

4．输入一行字符，统计其中有多少个单词，每两个单词之间以空格隔开。例如，输入"This is a Python program"，输出"There are 5 words in the line"。

第 3 章

神奇的 turtle 库

<<<<<<

■ 从本章开始，将逐渐完善"贴瓷砖"游戏案例的程序，本章主要介绍如何利用 turtle 库的知识来绘制瓷砖方块。

■ 本书的案例大部分基于 turtle 库，以图形化方式展现，从而形象地介绍抽象的逻辑和概念。

■ turtle 库是 Python 中一个常用于绘制图像的函数库。turtle 库的功能非常强大，但是逻辑非常简单。利用 turtle 库内置的函数，用户可以像使用笔在纸上绘图一样，在 turtle 画布上绘制图形。

3.1 初识 turtle 库

turtle 是 Python 自带的标准库之一，用于绘制图形。其绘图原理是：默认情况下，在窗体的中心有一只海龟（turtle），海龟走过的路径形成绘制的图形，海龟由程序控制，可以变换颜色、宽度等。

接下来，利用 turtle 库绘制一条红色线段，代码如下：

```
Case3_1.py
import turtle                    #导入 turtle 库
turtle.setup(500,400)            #设置窗体大小为宽 500 像素、高 400 像素
turtle.color("red")             #设置画笔颜色是红色
turtle.forward(150)             #向前行进 150 像素
turtle.done()                    #结束当前的绘制
```

运行该代码，会弹出一个图形化窗口，如图 3-1 所示。该窗口的大小为宽 500 像素、高 400 像素，窗口中心的光标即海龟，海龟向前移动 150 像素后停下。

3.2   turtle 库中的绘图窗体

turtle 的绘图窗体也叫画布（canvas），可以使用 setup()函数来设置绘图窗体的大小及初始

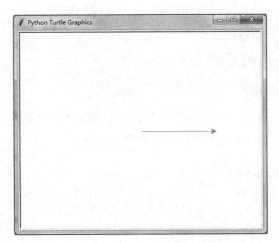

图 3-1　turtle 库绘制线段

位置。该函数的用法如下：

turtle.setup(width,height,startx=None,starty=None)

● width、height：分别表示绘图窗体的宽度和高度；值为整数时，表示以像素为单位的尺寸；值为小数时，表示绘图窗体的宽（或高）与屏幕的比例。

● startx、starty：分别表示绘图窗体在计算机屏幕的横坐标和纵坐标，即表示绘图窗体左上角顶点的位置。如果为空，则绘图窗体默认位于屏幕中心。

绘图窗体的参数设置与屏幕的关系如图 3-2 所示。

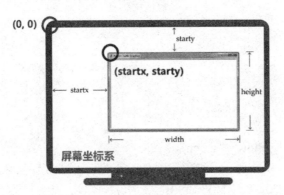

图 3-2　绘图窗体与屏幕

需要说明的是，使用 turtle 库实现图形化程序时，setup()函数不是必需的，如果程序中未调用 setup()函数，则程序运行时会生成一个默认窗口。

3.3　turtle 库中的画笔设置

3.3.1　画笔状态

在 turtle 库中，画笔分为提起和放下两种状态。当画笔为提起状态时，绘制图形不会留下痕迹；只有画笔为放下状态时，移动画笔才会在画布上留下痕迹。turtle 库中的画笔默认为放下状态，改变画笔状态的函数使用如下：

```
turtle.penup()              #提起画笔
turtle.pendown()            #放下画笔
```

需要说明的是，turtle 库中的有些函数虽然函数名不同，但其作用相同。例如，可使用 up()函数表示提起画笔，使用 down()函数表示放下画笔。

3.3.2 画笔属性

1. 设置画笔尺寸

```
turtle.pensize(width=None)
turtle.width(width=None)
```

pensize()和 width()函数的参数 width 都可用于设置画笔绘制出的线条宽度，如果参数为空，则返回画笔当前的尺寸。

2. 设置画笔移动速度

```
turtle.speed(speed)
```

speed()函数的参数 speed 用于设置画笔移动的速度，其取值范围为[0,10]的整数，数值越大，则速度越快。

3. 设置画笔颜色

```
turtle.pencolor(color)
turtle.color(color)
```

pencolor()和 color()函数的参数 color 有以下几种表示方法：
- 字符串，如 "red" "yellow" "green"。
- RGB 颜色，R、G、B 分别表示红色、绿色、蓝色三种基本颜色所占的比例。
- 十六进制数，如 "#33cc8c" "#FFFFFF"。

参数 color 的 3 种表示方式中，字符串和十六进制数可直接使用。示例如下：

```
turtle.pencolor("blue")
turtle.pencolor("#0000FF")
```

在使用 RGB 颜色的方式前，需要用 colormode()函数设置颜色模式。colormode()函数的具体用法如下：

```
turtle.colormode(mode)
```

- 当参数 mode 取值为 1.0 时，表示设置为 RGB 小数值模式，此为默认模式。
- 当参数 mode 取值为 255 时，表示设置为 RGB 整数值模式。

使用 RGB 颜色方式设置画笔颜色的示例如下：

```
turtle.colormode(255)            #将颜色模式设置为 RGB 整数值模式
turtle.pencolor((255,192,203))   #将画笔颜色设置成粉红色
turtle.colormode(1.0)            #将颜色模式设置为 RGB 小数值模式
turtle.pencolor((0.63,0.13,0.94)) #将画笔颜色设置成紫色
```

3.4 利用 turtle 库绘制图形

3.4.1 turtle 绘图坐标体系

为了使图形出现在合理的位置，我们需要了解 turtle 绘图坐标体系，以确定画笔出现的位置。turtle 绘图坐标体系包括空间坐标体系和角度坐标体系，turtle 空间坐标体系以窗口中心为原点，默认以原点右侧为 x 轴正方向、以原点上方为 y 轴正方向。turtle 空间坐标体系如图 3-3 所示。

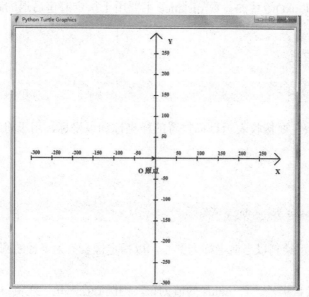

图 3-3　turtle 空间坐标体系

turtle 角度坐标体系以 x 轴正向为 0°，以逆时针方向为正，角度从 0° 逐渐增大；以顺时针方向为负，角度从 0° 逐渐减小。turtle 角度坐标体系如图 3-4 所示。

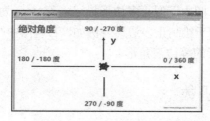

图 3-4　turtle 角度坐标体系

3.4.2 海龟运动控制函数

turtle 库中的运动控制函数主要控制海龟向前、向后的直线移动以及海龟的弧线运动。

1. 向前移动

```
turtle.forward(distance)
turtle.fd(distance)
```

forward()函数和 fd()函数的参数 distance 主要用于指定海龟前进的距离，其方向为海龟朝向。

2. 向后移动

```
turtle.backward(distance)
turtle.bk(distance)
```

backward()函数和 bk()函数的参数 distance 主要用于指定海龟后退的距离，其方向与海龟朝向相反。

3. 移动到指定位置

```
turtle.goto(x,y=None)
```

goto()函数的参数主要接收表示目标位置的横坐标和纵坐标，用于将海龟移动到一个绝对坐标位置。

4. 弧线运动

```
turtle.circle(radius,extent=None,steps=None)
```

使用 circle()函数可绘制以当前坐标为圆心，以指定像素值为半径的圆或弧。circle()函数的参数用法如下：

● radius：用于设置半径。若 radius 的值为正，则圆心在海龟的左侧；若 radius 的值为负，则圆心在海龟的右侧。默认圆心在海龟的左侧。

● extent：用于设置弧形角度。若 extent 的值为正，则顺海龟当前方向绘制；若 extent 的值为负，则逆海龟当前方向绘制；若 extent 的值为 None，则默认绘制 360°整圆。

● steps：用于设置步长。圆由近似正多边形描述，若 steps 为 None，步长将自动计算；若给出步长，则 circle()函数可用于绘制正多边形。例如，在程序中写入"turtle.circle(100,3)"，程序将绘制一个边长为 100 像素的等边三角形。

3.4.3 海龟方向控制函数

turtle 库中的方向控制函数主要用于更改海龟朝向。常用函数如下：

1. 海龟右转

turtle.right(angle)

turtle.rt(angle)

right()函数和 rt()函数的参数 angle 用于指定海龟右转的角度。

2. 海龟左转

turtle.left(angle)

turtle.lt(angle)

left()函数和 lt()函数的参数 angle 用于指定海龟左转的角度。

3. 设置海龟朝向

turtle.seth(angle)

seth()函数的参数 angle 用于设置海龟在坐标系中的角度。

接下来，通过绘制边长为 100 像素的正方形案例来演示方向控制函数的用法，具体代码如下：

```
Case3_2.py
import turtle          #导入 turtle 库
turtle.fd(100)         #前进 100 像素
turtle.right(90)       #调整海龟朝向，向右转 90 度
turtle.fd(100)         #前进 100 像素
turtle.right(90)       #调整海龟朝向，向右转 90 度
turtle.fd(100)         #前进 100 像素
turtle.right(90)       #调整海龟朝向，向右转 90 度
turtle.fd(100)         #前进 100 像素
turtle.done()          #图形绘制结束
```

运行结果如图 3-5 所示。

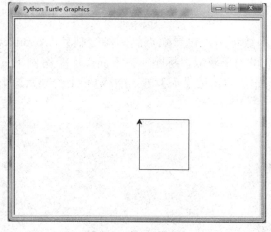

图 3-5　绘制正方形

3.4.4 图形填充

turtle 库中的 fillcolor()函数可用于设置填充颜色，使用 begin_fill()函数和 end_fill()函数填充图形。下面以绘制一个被蓝色填充的圆为例，代码如下：

```
Case3_3.py
import turtle
turtle.fillcolor("blue")          #设置填充颜色为蓝色
turtle.begin_fill()               #开始填充
turtle.circle(50)
turtle.end_fill()                 #结束填充
turtle.done()
```

运行结果如图 3-6 所示。

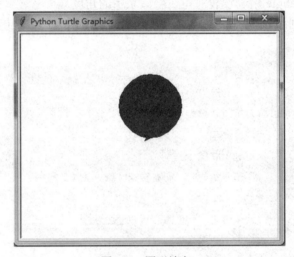

图 3-6　图形填充

3.4.5 海龟事件处理

turtle 库中的 listen()函数可用于设置焦点到图形绘制界面，onkey()函数可用于获取键盘响应，onscreenclick()函数可用于获取鼠标响应。下面以一个案例来演示海龟事件处理的使用方法，该案例要实现的功能是通过按【↑】键（Up 键）来绘制六边形。

代码如下：

```
Case3_4.py
import turtle
def f():                          #定义一个函数，函数名为 f
    turtle.fd(50)
    turtle.lt(60)
turtle.onkey(f,"Up")              #给函数 f 绑定按键事件
```

```
turtle.listen()                          #获取屏幕焦点
turtle.done()                            #结束绘制
```

代码中的 onkey()函数有两个参数：第一个参数是一个函数，并且该函数没有参数；第二个参数是一个字符串，是一个键（如"a"）或键标（如"space"）。onkey()函数的功能是绑定指定函数到按键事件。

注意：为了绘图窗体能获得焦点，并且响应按键事件，在程序中就必须调用 listen()函数。

运行上面代码，按【↑】键，得到的运行结果如图 3-7 所示。

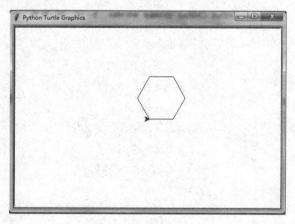

图 3-7　绘制六边形

接下来，演示 onscreenclick()函数的使用方法，实现单击鼠标，输出当前单击位置坐标功能。代码如下：

```
Case3_5.py
import turtle
def getPos(x,y):                         #定义获取当前位置函数
    print("(",x,"," ,y,")")              #输出当前位置坐标
    return
turtle.onscreenclick(getPos)             #给函数绑定鼠标单击事件
turtle.done()
```

函数 onscreenclick(fun,btn=1,add=None)的功能是绑定指定的函数到鼠标单击事件。该函数有 3 个参数：第一个参数 fun 是一个有两个参数的函数，调用时将传入两个参数表示鼠标在画布上单击位置的坐标；第二个参数 btn 是鼠标键编号，默认值为 1（鼠标左键）；第三个参数的默认值为 None，当值为 True 时，表示将添加一个新绑定。

3.5　案例 6：利用 turtle 库绘制奥运五环

获取源代码

本案例的代码如下：

```
Case3_6.py
1      """
2          案例：利用 turtle 库绘制奥运五环
```

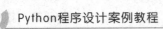

```
3           技术：采用 turtle 库
4           日期：2020-03-27
5       """
6       import turtle
7       #绘图窗体设置
8       turtle.setup(650,600,50,50)              #设置窗体大小及位置
9       #画笔设置
10      turtle.penup()                           #抬起画笔
11      turtle.fd(-250)                          #后退 250 像素
12      turtle.pendown()                         #放下画笔
13      turtle.pensize(6)                        #设置画笔宽度为 6 像素
14      turtle.seth(-90)                         #画笔转向-90 度
15      #绘制第一个环
16      turtle.pencolor("blue")                  #设置画笔颜色为蓝色
17      turtle.circle(80,540)                    #以海龟左侧的点为圆心、80 像素为半径，画 540 度的弧
18      turtle.right(180)                        #画笔向右转 180 度
19      #绘制第二个环
20      turtle.pencolor("black")
21      turtle.circle(80,540)
22      turtle.right(180)
23      #绘制第三个环
24      turtle.pencolor("red")
25      turtle.circle(80,540)
26      turtle.left(90)
27      #移动到绘制第四个环的位置，落笔
28      turtle.penup()
29      turtle.fd(400)
30      turtle.left(90)
31      turtle.fd(100)
32      turtle.pendown()
33      #绘制第四个环
34      turtle.pencolor("orange")
35      turtle.circle(80,540)
36      turtle.right(180)
37      #绘制第五个环
38      turtle.pencolor("green")
39      turtle.circle(80,540)
40      turtle.right(180)
41      turtle.done()
```

运行结果如图 3-8 所示。

图3-8 绘制奥运五环

3.6 案例7: "贴瓷砖" 游戏之一 —— 绘制瓷砖方块

从本章开始,将利用 turtle 库并结合每章的知识点来逐步完成"贴瓷砖"游戏。该游戏的步骤如下:

第1步,绘制一个 4×4 的网格,并且在网格中的随机位置有一个点状橘黄色的瓷砖,如图3-9(a)所示。

第2步,按【T】键,生成一个 L 形的蓝色瓷砖,如图3-9(b)所示。使用方向键可以移动该瓷砖,每次移动一个单位网格长度;按【R】键,可以旋转该瓷砖,每次旋转90°。

第3步,将蓝色瓷砖移动到网格的适当位置,如图3-9(c)所示。按【S】键,则瓷砖变为绿色,并且不可再移动,表示已将该瓷砖"贴"在网格上。

第4步,重复第2步和第3步,不断在网格上"贴"瓷砖,并且瓷砖不可重叠,如图3-9(d)所示。如果能够将网格全部铺满,则游戏胜利;否则,游戏失败。

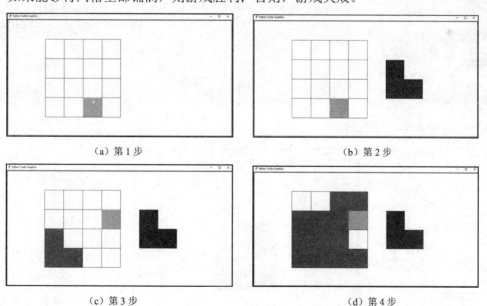

(a) 第1步   (b) 第2步

(c) 第3步   (d) 第4步

图3-9 绘制瓷砖方块

为利用开发过程来逐步巩固各章节知识,本书将该游戏的技术点进行分解,在各章逐步开发,最后进行组合,形成完整游戏。本节将利用 turtle 库绘制 L 形瓷砖和点状瓷砖。

获取源代码

3.6.1　L形瓷砖的绘制

考虑到瓷砖的旋转需求（第 6 章将实现），L 形瓷砖的绘制从瓷砖中心点开始，并且将网格的单位长度设置为 100，具体绘制过程可参考如下代码进行梳理：

```
Case3_7.py
1     """
2         案例：L 形瓷砖的绘制
3         技术：采用 turtle 库
4         日期：2020-03-27
5     """
6     import turtle
7     turtle.fillcolor("blue")
8     turtle.begin_fill()
9     turtle.forward(100)
10    turtle.right(90)
11    turtle.forward(100)
12    turtle.right(90)
13    turtle.forward(100*2)
14    turtle.right(90)
15    turtle.forward(100*2)
16    turtle.right(90)
17    turtle.forward(100)
18    turtle.right(90)
19    turtle.forward(100)
20    turtle.end_fill()
21    turtle.done()
```

运行结果如图 3-10 所示。

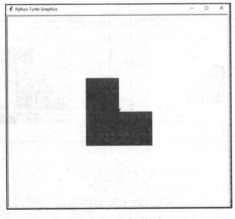

图 3-10　L 形瓷砖

3.6.2　点状瓷砖的绘制

代码如下：

```
Case3_8.py
1    """
2         案例：点状瓷砖的绘制
3         技术：采用 turtle 库
4         日期：2020-03-27
5    """
6    import turtle
7    turtle.pendown()
8    turtle.fillcolor("orange")
9    turtle.begin_fill()
10   turtle.forward(100*0.5)
11   turtle.right(90)
12   turtle.forward(100)
13   turtle.right(90)
14   turtle.forward(100)
15   turtle.right(90)
16   turtle.forward(100)
17   turtle.right(90)
18   turtle.forward(100*0.5)
19   turtle.end_fill()
20   turtle.done()
```

运行结果如图 3-11 所示。

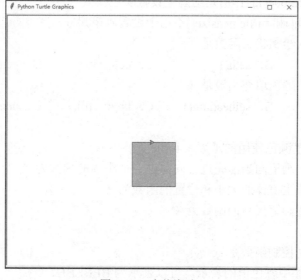

图 3-11　点状瓷砖

3.7 本 章 小 结

本章首先介绍了 turtle 库、turtle 绘图窗体、turtle 的画笔设置；然后，介绍了 turtle 库的运动控制函数、方向控制函数，讲解了利用 turtle 库绘制图形的方法；最后，利用 turtle 库的知识完成了"贴瓷砖"游戏中的绘制瓷砖（L形、点状）功能。

● 习 题

一、选择题

1. 关于 import 引用，以下选项中描述错误的是（   ）。

 A．import 保留字用于导入模块或者模块中的对象

 B．可以使用"from turtle import setup"引入 turtle 库

 C．使用"import turtle as t"引入 turtle 库，取别名为 t

 D．使用"import turtle"引入 turtle 库

2. 关于 turtle 库中的 setup()函数，以下选项中描述错误的是（   ）。

 A．执行下面代码，可以获得一个宽为屏幕 50%，高为屏幕 75%的主窗口

```
import turtle
turtle.setup(0.5,0.75)
```

 B．turtle.setup()函数的作用是设置画笔的尺寸

 C．turtle.setup()函数的作用是设置主窗体的大小和位置

 D．turtle.setup()函数的定义为 turtle.setup(width,height,startx,starty)

3. 关于 turtle 库的画笔控制函数，以下选项中描述错误的是（   ）。

 A．turtle.pendown()的作用是落下画笔之后，若移动画笔将绘制形状

 B．turtle.penup()的别名有 turtle.pu()、turtle.up()

 C．turtle.colormode()的作用是给画笔设置颜色模式

 D．turtle.width()和 turtle.pensize()不用于设置画笔尺寸

4. turtle 库的进入绘制状态函数是（   ）。

 A．right()　　　　B．seth()　　　　C．color()　　　　D．pendown()

5. turtle 库的开始颜色填充函数是（   ）。

 A．seth()　　　　B．setheading()　　C．begin_fill()　　D．pensize()

二、填空题

1. 改变 turtle 画笔颜色使用的函数为 turtle.（   ）。

2. turtle 库中控制画笔向当前先进方向前进一个距离的函数为（   ）。

3. turtle 库中设置主窗体的大小和位置的函数为（   ）。

4. turtle 库中设置画笔尺寸的函数为（   ）。

三、判断题

1. turtle 库的运动控制函数是 goto()。（   ）

2. 对于 turtle 绘图中颜色值的表示，可以表示为 BEBEBE。（   ）

3．Python 3.×系列中导入 turtle 库的语句为"import turtle"。（　　　　）

4．turtle 库是 Python 中的一个直观有趣的图形绘制函数库。（　　　　）

四、编程题

1．等边三角形的绘制。利用 turtle 库中的 turtle.fd()函数和 turtle.seth()函数绘制一个等边三角形，效果图如下。

2．正方形的绘制。利用 turtle 库绘制正方形，效果如下。

3．利用 turtle 库绘制以下紫色蟒蛇图形。

第4章

程序的流程控制

<<<<<<

■ 程序中的语句在默认情况下按自上而下的顺序执行，但在有些时候，顺序执行不能满足需求。流程控制是指在程序运行时，通过一些特定的指令来更改程序中语句的运行顺序，使其产生跳跃、回溯等现象。

■ 本章将利用程序流程控制的知识，完成"贴瓷砖"游戏的网格绘制。

4.1 分 支 结 构

分支结构又称选择结构，这种结构必定包含判断条件。如果满足该判断条件，则允许做某件事情；如果不满足该判断条件，则不做这件事情。例如，当计算两个数相除时，需要判断用户输入的除数是否为零，如果为零，则不予计算。

4.1.1 单分支结构

Python 单分支结构的执行过程如图 4-1 所示。

Python 单分支结构的语法格式如下：

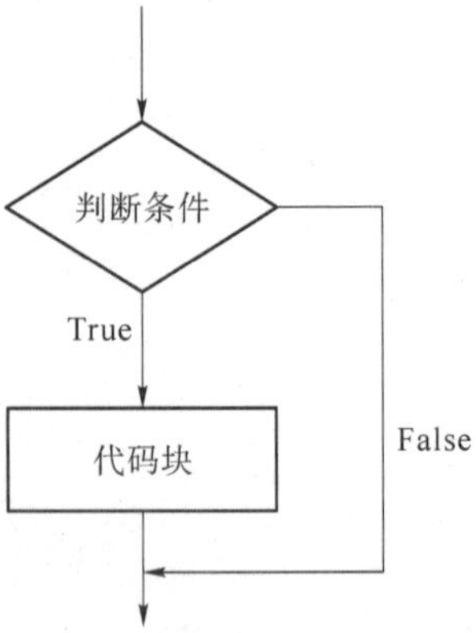

图 4-1 单分支结构流程图

```
if 判断条件:
    代码块
```

if 语句是最简单的条件判断语句，它由三部分组成，分别是 if 关键字、条件表达式、代码块。上述格式中，可将 if 关键字理解为"如果"。如果判断条件表达式的值为 True，则执行 if 语句后的代码块；如果判断条件不成立，则跳过 if 语句后的代码块。单分支结构中的代码块只有"执行"与"跳过"两种情况。

例如，使用 if 语句判断一个数的奇偶性，用户根据提示输入一个整数，程序根据输入进行判断：如果是偶数，则输出"此数为偶数"；如果是奇数，则输出"此数为奇数"。具体代码如下：

Case4_1.py
```
1    num = int(input("请输入一个整数:"))              #获取用户输入
2    if num%2==0:                                    #如果对 2 取余等于 0, 则此数为偶数
3        print("此数为偶数")
4    if num%2!=0:                                    #如果对 2 取余不等于 0, 则此数为奇数
5        print("此数为奇数")
```

上述代码中，首先从控制台接收用户输入的一个整数，然后使用 if 语句判断表达式 "num%2==0" 的值是否为 True。如果为 True，则执行第 3 行代码，输出"此数为偶数"；否则，跳过第 3 行代码，转而执行第 4 行代码。如果第 4 行代码判断表达式的值为 True，则执行第 5 行代码，输出"此数为奇数"；否则，跳过第 5 行代码，程序结束。

4.1.2　双分支结构

双分支结构产生两个分支，可根据条件表达式的判断结果来选择执行哪一个分支的语句。双分支结构的流程图如图 4-2 所示。

双分支结构的语法格式如下：

```
if 判断条件:
    代码块 1
else:
    代码块 2
```

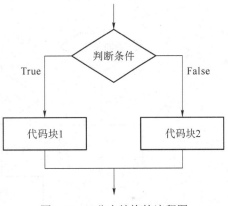

图 4-2　双分支结构的流程图

上述格式中，如果 if 条件表达式的判断结果为 True，就执行代码块 1；如果 if 条件表达式的判断结果为 False，则执行代码块 2。

分析 Case4_1.py，如果一个数是偶数，则其肯定不是奇数，因为偶数和奇数存在互斥关系。也就是说，如果第一个 if 条件成立，则第 2 个 if 结构无须执行。但是在 Case4_1.py 中，无论第一个 if 条件成立与否，第 2 个 if 结构总是会被执行，这样就出现了冗余。

为了避免执行不必要的条件结构、提高程序执行效率，在编写代码时可以利用双分支结构。双分支结构包括两个分支，这两个分支总是只有一个被执行。

使用双分支结构优化 Case4_1.py，优化后的代码如下：

```
num = int(input("请输入一个整数:"))
if num%2==0:
    print("此数为偶数")
else:
    print("此数为奇数")
```

如果双分支结构中的代码块只包含简单的表达式，则该结构可以浓缩为更简洁的表达方式，其语法格式如下：

表达式 1 if 判断条件 else 表达式 2

该表达方式可以理解为：如果判断条件为 True，则执行表达式 1；如果判断条件为 False，则执行表达式 2。

可采用以上格式来实现判断奇偶数的程序，代码修改如下：

```
num = int(input("请输入一个整数:"))
result="此数为偶数" if num%2==0 else "此数为奇数"
print(result)
```

4.1.3 多分支结构

双分支结构可以处理两种情况，如果程序需要处理多种情况，则可以使用多分支结构。多分支结构的流程图如图 4-3 所示。

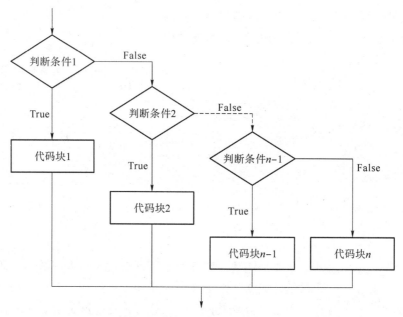

图 4-3　多分支结构的流程图

多分支结构的语法格式如下：

```
if 判断条件 1:
    代码块 1
elif 判断条件 2:
    代码块 2
……
elif 判断条件 n-1:
    代码块 n-1
else:
    代码块 n
```

在该格式中，if 结构之后可以有任意数量的 elif 语句。上述语法格式的执行过程如下：

（1）如果满足判断条件 1 时，就执行代码块 1，然后整个 if 结构结束。

（2）如果不满足判断条件 1，那么判断是否满足条件 2，如果满足判断条件 2，就执行代码块 2，然后整个 if 结构结束。

（3）照此类推，如果 n-1 个判断条件都不满足，则执行 else 后面的代码块 n。

说明：对于多分支结构，C 程序中还可以使用 switch 语句，但是 Python 并不支持 switch 语句。

4.1.4 案例 8：模拟出租车计价功能

某城市的出租车计价标准：3 km 内，收费 8 元；3～15 km，超出 3 km 的部分按每 550 m 收费 1 元；超过 15 km，超出部分按每 370 m 收费 1 元。编写程序，根据用户输入的行驶千米数，计算应缴费用。

获取源代码

下面使用程序来实现该案例，完整代码如下：

```
Case4_2.py
1      """
2          案例：模拟出租车计价功能
3          技术：if 语句
4          日期：2020-03-28
5      """
6      distance=eval(input("请输入行驶千米数："))
7      if 0<distance<=3:
8          price=8
9      elif 3<distance<=15:
10         price=8+(distance-3)/0.55*1
11     elif distance>15:
12         price=8+12/0.55*1+(distance-15)/0.37*1
13     print("需要缴费：{:.0f}元".format(price))
```

运行上面代码，输入"12"，得到的运行结果如下：

```
请输入行驶千米数：12↙
需要缴费：24 元
```

4.1.5 if 嵌套

除了多分支结构，Python 还有一种选择结构，叫作分支嵌套，其语法格式如下：

```
if 判断条件 1:
    代码块 1
```

```
        if 判断条件 2:
            代码块 2
```

在执行该嵌套语句时，先判断外层 if 语句中判断条件 1 的结果是否为 True，如果为 True，则执行代码块 1，然后判断内层 if 语句的判断条件 2 的结果是否为 True，如果判断条件 2 的结果为 True，则执行代码块 2。

针对 if 嵌套，有两点需要说明：

（1）if 语句可以多层嵌套，而不仅限于两层。

（2）外层和内层的 if 判断都可以使用 if 语句、if-else 语句、elif 语句。

获取源代码

4.1.6　案例 9：飞机场安检

当我们乘坐飞机时，先检查是否有飞机票，有票才允许进行安检；安检时，需要检查随身携带的液体物品，判断盛放液体物品的容器容积是否超过 100 毫升：如果超过 100 毫升，就提示超过允许范围，不允许上飞机；如果不超过 100 毫升，则安检通过。

下面使用程序来实现该案例，示例代码如下：

```
Case4_3.py
1    """
2        案例：飞机场安检
3        技术：if 嵌套
4        日期：2020-03-28
5    """
6    has_ticket = True              #True 代表有飞机票，False 代表没有飞机票
7    liquid_volume = 300            #盛放液体物品的容器容积，单位为毫升
8    if has_ticket:
9        print("飞机票检查通过，准备开始安检")
10       if liquid_volume > 100:
11           print("您携带的液体超量，有% d 毫升!" % liquid_volume)
12           print("不允许上飞机")
13       else:
14           print("安检已经通过；祝您旅途愉快!")
15   else:
16       print("请您先买票")
```

运行结果如下：

```
飞机票检查通过，准备开始安检
您携带的液体超量，有 300 毫升！
不允许上飞机
```

读者可以自行修改 has_ticket 和 liquid_volume 两个参数的值，观察不同的运行结果。

获取源代码

4.1.7　案例 10：计算体脂率案例优化

本案例通过运用分支结构的知识，对 2.5.4 节的体脂率计算案例进行优化。

1）数据输入部分

程序要对身高、体重、年龄和性别进行数据有效性验证（限制身高范围、体重范围、年龄范围，性别只能输入"0"或"1"）。

2）数据处理部分

利用分支结构，分别根据男女体脂率的不同标准来进行判断。

3）数据输出部分

程序输出结果应根据性别分别进行问好，并输出较友好的体脂率判断结果。具体要求如下：

（1）如果是男士，则输出"先生，您好"。

（2）如果是女士，则输出"女士，您好"。

（3）如果结果正常，则输出"恭喜您，身体非常健康，请继续保持"。

（4）如果结果异常，则输出"请注意，您的身体偏瘦/偏胖"。

下面使用程序来实现该案例，完整代码如下：

Case4_4.py

```
1    """
2         案例：计算体脂率案例优化
3         技术：if 语句
4         日期：2020-03-28
5    """
6    #获取用户输入：身高、体重、年龄、性别
7    PersonHeight = eval(input("请输入身高(m)："))
8    PersonWeight = eval(input("请输入体重(kg)："))
9    PersonAge = eval(input("请输入年龄："))
10   PersonSex = eval(input("请输入性别(男：1；女：0)："))
11   #优化之一：对输入数据进行数据有效性验证
12   #1.限制身高：大于 0，小于 3 m
13   #2.限制体重：大于 0，小于 300 kg
14   #3.限制年龄：大于 0，小于 150 岁
15   #4.限制性别：只能输入 0 或 1
16   if not (0 < PersonHeight < 3 and 0 < PersonWeight < 300 and 0 < PersonAge < 150 and
         (PersonSex == 0 or PersonSex == 1)):
17       print("数据不符合标准，程序退出")
18       exit()                        #如果输入数据不符合，则退出程序
19   #如果通过数据有效性的验证，则计算体脂率
20   BMI = PersonWeight/(PersonHeight*PersonHeight)
```

```
21    TZL = 1.2*BMI + 0.23*PersonAge −5.4 −10.8*PersonSex
22    TZL/=100
23    #优化之二：利用分支结构，分别根据男女体脂率的不同标准来判断是否正常
24    if PersonSex == 1:
25        #判定男性标准
26        sayHello = "先生，您好"
27        maxNum = 0.18
28        minNum = 0.15
29        result = 0.15 < TZL < 0.18
30    elif PersonSex == 0:
31        #判定女性标准
32        sayHello = "女士，您好"
33        maxNum = 0.28
34        minNum = 0.18
35        result = 0.25 < TZL < 0.28
36    #优化之三：输出提示语优化
37    #根据体脂率的标准进行判断，如果在正常范围，则给予正常的提示
38    if result:
39        notice = "恭喜您，身体非常健康，请继续保持"
40    else:
41        # 对体脂率不符合标准的要给出偏胖/偏瘦的提示
42        if TZL > maxNum:
43            notice = "请注意，您的身体偏胖"
44        else:
45            notice = "请注意，您的身体偏瘦"
46    print(sayHello,notice)
```

输入某位男性的数据，运行结果如下：

请输入身高(m)：1.78✓
请输入体重(kg)：72✓
请输入年龄：45✓
请输入性别(男：1；女：0)：1✓
先生,您好 请注意，您的身体偏胖

输入某位女性的数据，运行结果如下：

请输入身高(m)：1.63✓
请输入体重(kg)：52✓
请输入年龄：32✓
请输入性别(男：1；女：0)：0✓
女士,您好 恭喜您，身体非常健康，请继续保持

4.2 循 环 结 构

循环结构是一种让指定的代码块重复执行的机制。构造循环结构有两个要素：一个是循环体，即重复执行的语句和代码；另一个是循环条件，即重复执行代码所要满足的条件。Python 程序中的循环结构分为 while 循环和 for 循环两种，while 循环一般用于实现条件循环，for 循环一般用于实现遍历循环。

4.2.1 while 循环

while 循环是指 while 语句可以在条件为 True 的前提下重复执行某语句块。while 循环的语法格式如下：

```
while 循环条件:
    代码块
```

当程序执行到 while 语句时，若循环条件的值为 True，则执行之后的代码块，代码块执行结束后再次判断 while 语句中的循环条件，如此往复，直到循环条件的值为 False，终止循环。然后，执行 while 循环结构之后的语句。

接下来，用 while 循环编程实现拉茨猜想。拉茨猜想又称为 $3n+1$ 猜想或冰雹猜想，是指对于每一个正整数，如果它是奇数则对它乘以 3 再加 1，如果它是偶数则对它除以 2，如此循环，最终都能得到 1。示例如下：

```
Case4_5.py
num = int(input("输入初始值："))
while num != 1:
    if num % 2 == 0:
        num = num/2
    else:
        num=num*3+1
    print(num)
```

运行上面代码，得到的运行结果如下：

```
输入初始值：10↙
5.0
16.0
8.0
4.0
2.0
1.0
```

4.2.2 for 循环

for 循环用于遍历任何序列，如字符串、列表、字典等。所谓遍历，就是指逐一访问序列中的数据，如逐一访问字符串中的字符。for 循环的语法格式如下：

```
for 循环变量 in 序列：
    代码块
```

上述格式中的"循环变量"用于保存本次循环中访问到的遍历结构中的元素，for 循环的遍历次数取决于序列中元素的个数。

1. 遍历字符串

例如，可以使用 for 循环编程遍历字符串，并逐个输出字符串中的字符。示例如下：

```
Case4_6.py
for letter in 'python':
    print('当前字母 :',letter)
```

运行结果如下：

```
当前字母 : p
当前字母 : y
当前字母 : t
当前字母 : h
当前字母 : o
当前字母 : n
```

2. for 循环与 range()函数

Python 中的 range()函数可以创建一个整数列表。range()函数的用法如下：

```
range(start,end,step)
```

range()函数的参数说明如下：

● start：表示列表起始位置。该参数可以省略，此时列表默认从 0 开始。例如，range(5)等价于 range(0,5)。

   ● end：表示列表结束位置，但不包括 end。例如，range(0,5)表示列表[0,1,2,3,4]。

   ● step：表示列表中元素的增幅。该参数可以省略，此时列表的步长默认为 1。例如，range(0,5)等价于 range(0,5,1)

对 range()函数参数进行不同取值，得到的数字序列示例如下：

```
>>> range(10)                #从 0 开始到 9
[0,1,2,3,4,5,6,7,8,9]
>>> range(1,11)              #从 1 开始到 10
```

```
[1,2,3,4,5,6,7,8,9,10]
>>> range(0,10,3)          #步长为 3
[0,3,6,9]
>>> range(0,-10,-1)        #负数
[0,-1,-2,-3,-4,-5,-6,-7,-8,-9]
```

for 循环常与 range()函数搭配使用，以控制 for 循环中代码块的执行次数。例如，将其搭配后编程计算 1～100 的和，代码如下：

```
Case4_7.py
sum=0
for i in range(1,101):  #产生 1～100 的数字序列
    sum+=i
print(sum)
```

运行结果如下：

```
5050
```

如果要对 1～100 内的奇数求和，则可将 Case4_7.py 修改如下：

```
Case4_8.py
sum=0
for i in range(1,101,2):  #设置步长为 2，产生 1～100 的所有偶数数字序列
    sum+=i
print(sum)
```

运行结果如下：

```
2500
```

4.2.3 循环嵌套

1. while 循环嵌套

在 while 循环中可以嵌套 while 循环，其语法格式如下：

```
while 循环条件 1:
    代码块 1
    while 循环条件 2:
        代码块 2
```

以上格式中，首先判断外层 while 循环的循环条件 1 是否成立，如果成立，则执行代码块 1，且接下来能够执行内层 while 循环；在执行内层 while 循环时，判断循环条件 2 是否成立，如果成立，则执行代码块 2，直至内层 while 循环结束。也就是说，每执行一次外层的

while 语句，如果循环条件 1 成立，就都要将内层的 while 循环执行一遍。

使用 while 循环嵌套语句编写程序，根据用户输入的金字塔层数，输出由"*"组成的金字塔。代码如下：

```
Case4_9.py
n=int(input("请输入金字塔层数："))
level=0
while level<n:
    a = n – level
    b = 2 * level + 1
    j=0
    k=0
    while j<a:
        print(' ',end='')
        j=j+1
    while k<b:
        print('*',end='')
        k=k+1
    level=level+1
    print('')
```

运行结果如下：

```
请输入金字塔层数：5✓
    *
   ***
  *****
 *******
*********
```

2. for 循环嵌套

在 for 循环中可以嵌套 for 循环，其语法格式如下：

```
for 循环变量 in 序列：
    代码块 1
    for 循环变量 in 序列：
        代码块 2
```

for 循环嵌套语句与 while 循环嵌套语句的执行顺序类似，都是先执行外层循环再执行内层循环，每执行一次外层循环都要执行一遍内层循环。

将 Case4_9.py 用 for 循环嵌套实现，代码如下：

```
Case4_10.py
n=int(input("请输入金字塔层数："))
for i in range(n):
    a = n - i
    b = 2 * i + 1
    for j in range(a):
        print(' ',end='')
    for k in range(b):
        print('*',end='')
    print('')
```

Case4_10.py 的运行结果与 Case4_9.py 的运行结果相同。

获取源代码

4.2.4　案例 11：模拟微波炉定时器

想象一下你在用微波炉上的定时器，输入你想倒数的时间（精确到分和秒），微波炉计时器会倒计时到 0:00，程序中要给出分钟数和秒钟数的倒计时，并输出微波炉显示的剩余时间，每次倒计时都分行输出。注意：输出每一行的时候不需要真的等待 1 秒；需要考虑三种输入情况，如 0:12、10:34、00:96。

下面使用程序来实现该案例，完整代码如下：

```
Case4_11.py
1    """
2        案例：模拟微波炉定时器
3        技术：for 循环
4        日期：2020-03-28
5    """
6    strInput = input('Enter the digits as input to the microwave: ')
7    inputList = strInput.split(":")              #按照":"将字符串分隔开，得到分和秒
8    minuteValue = eval(inputList[0])             #分钟数
9    secondValue = eval(inputList[1] .strip("0")) #秒钟数
10   # 设置第一圈循环为 True
11   firstLoop = True
12   # 考虑到 0:95 这种情况，即秒数大于 60 s 的情况
13   # 我们在第一圈循环中，将秒数耗尽
14   # 即不管是否大于 60 s，从第二圈循环开始，都从每分钟 60 s 开始
15   for i in range(minuteValue,-1,-1):
16       if firstLoop:
17           for j in range(secondValue,-1,-1):
18               print("%d:%02d"%(i,j))   #格式化输出，在数字左侧自动补位，如将 0:9 改为 0:09
19               firstLoop = False
```

```
20        else:
21            for j in range(59,-1,-1):
22                print("%d:%02d"%(i,j))
```

以输入"0:12"为例，得到的运行结果如下：

```
Enter the digits as input to the microwave: 0:12 ✓
0:12
0:11
0:10
0:09
0:08
0:07
0:06
0:05
0:04
0:03
0:02
0:01
0:00
```

4.3 其他语句

4.3.1 break 语句

break 语句用于跳出离它最近一级的循环，能够用于 for 循环和 while 循环中，通常与 if 语句结合使用，放在 if 语句代码块中。

例如，循环遍历"python"字符串，当遇到字母"h"的时候结束循环。示例如下：

```
Case4_12.py
for letter in "python":
    if letter=='h':
        break
    print('当前字母 :',letter)
```

上面的代码在遍历到字母"h"时，结束整个循环，"h"后面的字母都没有被遍历。运行结果如下：

```
当前字母 : p
当前字母 : y
当前字母 : t
```

4.3.2 continue 语句

continue 语句用于跳出当前循环，继续执行下一循环。当执行到 continue 语句时，程序会忽略当前循环中剩余的代码，重新开始执行下一次循环。

利用 Case4_12.py，将 "break" 修改为 "continue"，示例如下：

```
Case4_13.py
for letter in "python":
    if letter=='h':
        continue
    print('当前字母 :',letter)
```

上述代码在遍历到字母 "h" 时，跳出当前循环，不输出字母 "h"，继续执行下一循环，"h" 后面的字母相继输出。运行结果如下：

```
当前字母 : p
当前字母 : y
当前字母 : t
当前字母 : o
当前字母 : n
```

4.3.3 else 语句

Python 中的循环语句可以有 else 分支。
在 while 语句中使用 else 语句的语法如下：

```
while  表达式：
    语句块 1
else：
    语句块 2
```

在 for 语句中使用 else 语句的语法如下：

```
for 循环变量 in 序列：
    语句块 1
else：
    语句块 2
```

执行带有 else 语句的循环语句时，会先正常执行循环结构，如果循环正常执行完，接下来就执行 else 语句中的语句块 2，否则不执行 else 中的语句块 2。else 语句的使用示例如下：

```
Case4_14.py
for letter in "python":
    print('当前字母 :',letter)
else:
    print("字符串遍历完毕")
```

运行该程序时，会先遍历字符串"python"，直到遍历完最后一个字母就结束整个循环，然后程序会执行 else 语句的代码。运行结果如下：

```
当前字母 : p
当前字母 : y
当前字母 : t
当前字母 : h
当前字母 : o
当前字母 : n
字符串遍历完毕
```

在循环过程中，遇到 break 语句就退出是一种循环未执行完的情况。修改 Case4_14.py 的程序，示例如下：

```
Case4_15.py
for letter in "python":
    if letter=='h':
        break
    print('当前字母 :',letter)
else:
    print("字符串遍历完毕")
```

运行该代码，则不再执行 else 语句。运行结果如下：

```
当前字母 : p
当前字母 : y
当前字母 : t
```

4.4　模块 2：random 库

random 库是 Python 中的内置标准库，用于生成随机数，它提供了很多函数。接下来，介绍常见的随机数函数。

1. random.random()

random.random()用于生成一个在[0,1)范围的随机浮点数。示例如下：

```
Case4_16.py
import random
```

```
#生成第 1 个随机数
print("random():",random.random())
#生成第 2 个随机数
print("random():",random.random())
```

运行结果如下：

```
random(): 0.9148449152556012
random(): 0.11960170791160252
```

2. random.uniform(a,b)

random.uniform(a,b)用于返回 a 与 b 之间的随机浮点数 N。如果 a 的值小于 b 的值，则生成的随机浮点数 N 的取值范围为[a,b]；如果 a 的值大于 b 的值，则生成的随机浮点数 N 的取值范围为[b,a]。示例如下：

```
Case4_17.py
import random
print("random:",random.uniform(10,20))
print("random:",random.uniform(20,10))
```

运行结果如下：

```
random: 17.021605988419694
random: 17.693085792152523
```

3. random.randint(a,b)

random.randint(a,b)用于返回一个随机的整数 N，N 的取值范围为[a,b]。需要注意的是，a 和 b 的取值必须为整数，并且 a 的值一定要小于 b 的值。示例如下：

```
Case4_18.py
import random
#生成的随机数为 N，12≤N≤20
print(random.randint(12,20))
#生成的随机数为 N，N 的结果永远是 20
print(random.randint(20,20))
# print(random.randint(20,10))    #该语句是错误的，下限 a 必须不大于上限 b
```

运行结果如如下：

```
13
20
```

4. random.randrange(start,end,step)

random.randrange(start,end,step)用于返回指定递增基数集合中的一个随机数，基数默认值为 1。其中，参数 start 用于指定范围内的开始值，其包含在范围内；参数 end 用于指定范围内的结束值，其不包含在范围内；参数 step 表示递增基数。

上述这些参数必须为整数。例如，random.randrange(10,100,2)相当于从[10,12,14,…,96,98]序列中获取一个随机数。

5. random.choice(sequence)

random.choice(sequence)用于从参数 sequence 返回一个随机的元素，sequence 可以是列表、元组或字符串。需要注意的是，如果参数 sequence 为空，则会引发 IndexError 异常。示例如下：

```
Case4_19.py
import random
print(random.choice("人生苦短，我学 Python"))
print(random.choice(["I","am","a","boy"]))          #从列表中随机选择元素
print(random.choice(("red","blue","white")))         #从元组中随机选择元素
```

运行结果如下：

```
生
a
blue
```

6. random.shuffle(x,random)

random.shuffle(x,random)用于将列表中的元素打乱顺序，俗称洗牌。示例如下：

```
Case4_20.py
import random
list = [20,16,10,5]
random.shuffle(list)
print("随机排序列表 :", list)
```

运行结果如下：

```
随机排序列表 :[20,16,5,10]
```

7. random.sample(sequence,k)

random.sample(sequence,k)用于从指定序列中随机获取 k 个元素，组成一个新的子序列进行返回，不会修改原有序列。示例如下：

```
Case4_21.py
import random
fruit_list=['banana','apple','peach','orange','cherry','grape']
slice=random.sample(fruit_list,3)  #从 fruit_list 中随机获取 3 个元素
print(slice)
print(fruit_list)
```

运行上面代码，将输出两个结果，第一个结果是从列表中随机获取的 3 个元素，第二个结果是原列表，原有序列并没有改变。运行结果如下：

```
['banana','orange','grape']
['banana','apple','peach','orange','cherry','grape']
```

4.5　案例 12：随机生成四位验证码

获取源代码

验证码是一种区分操作是来自计算机自动操作还是人为操作的方法，该方法可以防止恶意破解密码、刷票、论坛灌水等。接下来要实现随机生成四位验证码的功能，验证码由数字、大写字母、小写字母组成。

代码如下：

```
Case4_22.py
1    """
2        案例：随机生成四位验证码
3        技术：for 循环、random 模块
4        日期：2020-03-28
5    """
6    import random
7    checkcode=''
8    for i in range(4):
9        current = random.randint(0,100)          #随机生成 0～100 之间的整数
10       num = current % 3
11       if num == 0:
12           tmp = chr(random.randint(65,90))      #生成大写字母
13       elif num == 1:
14           tmp = chr(random.randint(97,122))     #生成小写字母
15       else:
16           tmp = random.randint(0,9)             #生成数字
17       checkcode += str(tmp)                     #将生成的验证码字符拼接
18   print("本次生成的验证码是 %s"% checkcode)
```

运行结果如下：

```
本次生成的验证码是 GWT0
```

4.6　案例 13："贴瓷砖"游戏之二 —— 绘制网格

获取源代码

在 3.6 节的"贴瓷砖"游戏中绘制了 L 形、点状瓷砖，本节将介绍如何绘制"贴瓷砖"游戏的网格，如图 4-4 所示。绘制网格过程中存在重复操作，因此需要通过循

环结构来进行绘制。

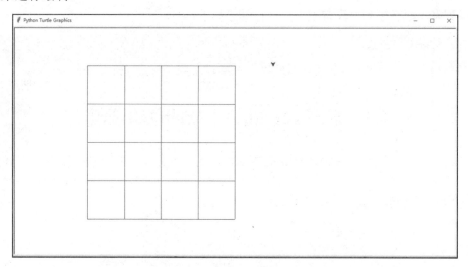

图 4-4　"贴瓷砖"游戏的网格

代码如下：

```
Case4_23.py
1      """
2          案例："贴瓷砖"游戏之二 —— 绘制网格
3          技术：for 循环、turtle 库
4          日期：2020-03-28
5      """
6      import turtle
7      unit_length = 100                      #单位边长
8      width = 4                              #网格宽为 4 个单元格
9      height = 4                            #网格高为 4 个单元格
10     grid_width = unit_length * width
11     grid_height = unit_length * height
12
13     turtle.setup((width+8)*unit_length,(height+2)*unit_length)
14     turtle.penup()
15     turtle.forward(-1 * grid_width)
16     turtle.right(-90)
17     turtle.forward(grid_height * 0.5)      #将画笔移动到左上角
18     turtle.right(90)
19
20     for i in range(height + 1):            #绘制横条
21         turtle.pendown()
22         turtle.forward(grid_width)
23         turtle.penup()
```

```
24      turtle.forward(-1 * grid_width)
25      turtle.right(90)
26      turtle.forward(unit_length)
27      turtle.right(-90)
28
29  turtle.home()                          #画笔回位
30  turtle.penup()
31  turtle.forward(-1 * grid_width)
32  turtle.right(90)
33  turtle.forward(-1 * grid_height * 0.5)
34
35  for i in range(width + 1):             #绘制竖条
36      turtle.pendown()
37      turtle.forward(grid_height)
38      turtle.penup()
39      turtle.forward(-1 * grid_height)
40      turtle.right(-90)
41      turtle.forward(unit_length)
42      turtle.right(90)
43
44  turtle.done()
```

4.7　本　章　小　结

本章首先介绍了分支结构的用法，应用分支结构知识完成了"模拟出租车计价功能"案例、"飞机场安检"案例、"优化计算体脂率"案例；然后，介绍了循环结构的用法，实现了"模拟微波炉定时器"案例；之后，介绍了 random 随机数模块，并结合该模块完成了"随机生成四位验证码"案例；最后，利用本章知识实现了"贴瓷砖"游戏的绘制网格功能。通过对本章的学习，读者能够掌握分支结构和循环结构的用法。

● 习 题

一、选择题

1. 以下选项中，不是 Python 语言基本控制结构的是（　　）。
   A．顺序结构　　　B．程序异常　　　C．跳转结构　　　D．循环结构
2. 关于 Python 的分支结构，以下选项中描述错误的是（　　）。
   A．分支结构可以向已经执行过的语句部分跳转
   B．Python 中的 if-else 语句用来形成二分支结构
   C．Python 中的 if-elif-else 语句描述多分支结构
   D．分支结构使用 if 保留字

3. 下列 Python 语句正确的是（　　　　）。

    A．min=x if x<y else y　　　　　　　　B．max=x>y?x: y

    C．if（x>y）　print x　　　　　　　　　D．while True：pass

4. 关于 Python 的无限循环，以下选项中描述错误的是（　　　　）。

    A．无限循环通过 while 保留字构建

    B．无限循环需要提前确定循环次数

    C．无限循环一直保持循环操作，直到循环条件不满足才结束

    D．无限循环也称为条件循环

5. 下列 Python 保留字中，不用于表示分支结构的是（　　　　）。

    A．elif　　　　　　B．in　　　　　　　C．if　　　　　　D．else

6. 关于 Python 循环结构，以下选项中描述错误的是（　　　　）。

    A．break 用来结束当前当次语句，但不跳出当前的循环体

    B．Python 通过 for、while 等保留字构建循环结构

    C．continue 只结束本次循环

    D．遍历循环中的遍历结构可以是字符串、文件、组合数据类型和 range()函数等

7. 对于如下代码，以下选项中描述正确的是（　　　　）。

```
sum=0
for i in range(1,11) :
    sum+=i
    print(sum)
```

    A．如果"print(sum)"语句完全左对齐，则输出结果不变

    B．输出的最后一个数字是 55

    C．循环内语句块执行了 11 次

    D．"sum+=i"可以写为"sum+=i"

二、填空题

1. 在循环体中使用（　　　　）语句可以跳出循环体。

2. （　　　　）语句是 else 语句和 if 语句的组合。

3. 在循环体中可以使用（　　　　）语句跳过本次循环后的代码，重新开始下一次循环。

4. 如果希望循环是无限的，则可以通过设置条件表达式永远为（　　　　）来实现无限次循环。

5. Python 中的（　　　　）表示空语句。

三、判断题

1. elif 可以单独使用。（　　　　）

2. pass 语句的出现是为了保持程序结构的完整性。（　　　　）

3. 在 Python 中没有 switch-case 语句。（　　　　）

4. 每个 if 条件后面都要使用冒号。（　　　　）

5. 循环语句可以嵌套使用。（　　　　）

四、编程题

1. 统计不同字符的个数。用户从键盘输入一行字符，编程统计并输出其中的英文字

符、数字、空格和其他字符的个数。

2．猜数游戏。在程序中预设一个 0~9 之间的整数，让用户通过键盘来输入所猜的数。如果大于预设的数，则输出"遗憾，太大了"；如果小于预设的数，则输出"遗憾，太小了"。如此循环，直至猜中该数，则输出"预测 N 次，你猜中了!"，其中 N 是用户输入数字的次数。

3．最大公约数计算。从键盘接收两个整数，编写程序求出这两个整数的最大公约数和最小公倍数（提示：求最大公约数可采用辗转相除法；求最小公倍数则用两个数的积除以最大公约数即可）。

4．编写一个程序，接收一行序列作为输入，并将序列中的所有字符以大写字符输出。

第5章

组合数据类型

■ 第2章介绍了数字类型，包括整型、浮点型和复数类型，这些类型仅能表示一类数据，这种表示单一数据的类型称为基本数据类型。然而，实际计算中存在大量同时处理多类数据的情况，这种能将多类数据有效组织起来的数据类型称为组合数据类型。

■ 本章将利用组合数据类型的知识，解决"贴瓷砖"游戏中的计算瓷砖单元中心点的问题。

5.1 组合数据类型简介

组合数据类型能够将多个相同类型的数据或不同类型的数据组织起来，通过单一的表示使数据更加有序、更易于使用。根据数据之间的关系，组合数据类型可以分为序列类型、集合类型、映射类型，如图5-1所示。

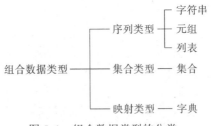

图5-1 组合数据类型的分类

（1）序列类型存储一组有序的元素，每个元素的类型可以不同，通过索引可以获取序列中的指定元素。

（2）集合类型存储一组无序的元素，集合中的数据不允许重复，必须唯一。

（3）映射类型是"键-值"数据项的组合，其存储的每个元素都是一个键值对，通过键值对的键可以获取对应的值。

5.2　序　列　类　型

5.2.1　序列索引

序列中的每个元素都有属于自己的编号。从起始元素开始，索引值从 0 开始递增，如图 5-2 所示。

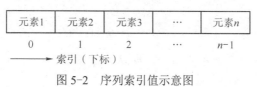

图 5-2　序列索引值示意图

Python 还支持索引值是负数，此类索引是从右向左计数，从最右端的元素开始计数，索引值从 –1 开始，如图 5-3 所示。

图 5-3　负值索引示意图

注意：在使用负值作为序列中各元素的索引值时，是从 –1 开始，而不是从 0 开始。

5.2.2　序列切片

切片是指对序列截取其中一部分的操作。切片的语法格式如下：

[start_index:end_index:step]

● start_index：表示起始索引（包含该索引对应值）。该参数省略时，表示从对象"端点"开始取值，至于是从"起点"还是从"终点"开始，则由参数 step 的正负决定。若 step 参数为正，则从"起点"开始；若参数 step 为负，则从"终点"开始。

● end_index：表示终止索引（不包含该索引对应值）。该参数省略时，表示一直取到数据"端点"，至于是到"起点"还是到"终点"终止，则由参数 step 的正负决定。若参数 step 为正，则直到"终点"；若参数 step 为负，则直到"起点"。

● step：正负数均可。其绝对值大小决定切取数据时的"步长"；其正负号决定"切取方向"，正表示"从左到右"取值，负表示"从右到左"取值。当省略参数 step 时，表示默认步长为 1，即从左到右以步长为 1 取值。

常用的切片操作，有以下几种情况。

1.　步长大于 0

按照从左到右的顺序，每隔"步长 –1"个元素进行一次截取，即索引间的差值为步长值。这时，"起始"指向的位置应该在"结束"指向的位置的左边；否则，返回值为空。

示例如下：

```
Case5_1.py
string='python'
print(string[0:6])        #未指定步长，默认为 1
print(string[2:5:2])      #指定步长为 2
```

运行结果如下：

```
python
to
```

注意：切片截取的范围属于左闭右开，即从起始索引开始，到结束索引前一位结束（不包含结束位本身）。

2. 步长小于 0

按照从右到左的顺序，每隔"步长 -1"个元素进行一次截取。这时，"起始"指向的位置应该在"结束"指向的位置的右边；否则，返回值为空。

示例如下：

```
Case5_2.py
string='python'
print(string[3:0:-1])
print(string[0:3:-2])        #起始指向的位置在结束指向的位置的左边，返回值为空
```

运行结果如下：

```
hty
```

注意：起始位置的索引必须大于结束位置的索引；否则，返回空字符串。

3. 切取完整对象

示例如下：

```
Case5_3.py
string='python'
print(string[:])        #从左到右
print(string[::])       #从左到右
print(string[::-1])     #从右到左
```

运行结果如下：

```
python
python
nohtyp
```

4. 取偶数位置

示例如下：

```
Case5_4.py
string='python'
print(string[::2])
```

运行上面的代码，可得到字符串偶数位置上的元素，运行结果如下：

```
pto
```

5. 取奇数位置

示例如下：

```
Case5_5.py
string='python'
print(string[1::2])
```

运行上面的代码，可得到字符串奇数位置上的元素，运行结果如下：

```
yhn
```

5.2.3 列表

1. 列表简介

Python 列表是一个可变的序列，它不受长度的限制，可以包含任意个元素。列表的长度和元素都是可变的，开发人员可以自由地对列表中的数据进行各种操作，包括添加、删除、修改元素。

Python 列表的元素表现形式类似于其他编程语言中的数组，列表中的元素使用 "[]" 包含，各元素之间使用英文逗号分隔。

2. 列表常见操作

1）创建列表

```
list1=[]                        #创建空列表
list2=[1,10,55,20,6]            #列表元素的类型均是整型
list3=[10,'word',True,[6,1]]    #列表中元素的类型不同
```

2）访问列表中的元素

例如，访问 list4 列表中的元素，访问方法如下：

```
Case5_6.py
list4 = ['p','y','t','h','o','n']
```

```
print(list4[0])          #输出列表中的第一个元素 p
print(list4[1])          #输出列表中的第二个元素 y
```

运行结果如下：

```
p
y
```

3）列表的遍历

为了能更有效地访问列表中的每个数据，可以使用 for 循环和 while 循环进行遍历。

（1）使用 for 循环遍历列表。

示例如下：

```
Case5_7.py
list6=["Python",'Java','C']
for name in list6:
    print(name)
```

运行结果如下：

```
Python
Java
C
```

（2）使用 while 循环遍历列表。

在使用 while 循环遍历列表的时候，需要先获取列表的长度，将获取的列表长度作为 while 循环的条件。示例如下：

```
Case5_8.py
list7=["Python",'Java','C']
length=len(list7)
i=0
while i <length:
    print(list7[i])
    i+=1
```

运行结果如下：

```
Python
Java
C
```

4）在列表中增加元素

（1）通过 append()方法向列表添加元素。

使用 append()方法向列表添加的元素位于列表的末尾。示例如下：

```
Case5_9.py
list7=["Python","Java","C"]
list7.append("PHP")
print(list7)
```

运行结果如下：

```
['Python','Java','C','Php']
```

（2）通过 extend()方法向列表添加元素。

使用 extend()方法可以将一个列表中的元素全部添加到另一个列表。示例如下：

```
Case5_10.py
list8=["Python","Java","C"]
list9=["PHP","C#"]
list8.extend(list9)
print(list8)
```

运行结果如下：

```
['Python','Java','C','PHP','C#']
```

（3）通过 insert()方法向列表添加元素。

使用 insert()方法可以在列表的指定位置添加元素。示例如下：

```
Case5_11.py
list10=["Python","Java","C"]
list10.insert(1,"PHP")
print(list10)
```

在 Case5_11.py 中，首先创建了一个包含 3 个元素的列表 list10，接着调用 insert()方法向列表中索引为 1 的位置插入一个元素"PHP"，该位置及其以后的元素均向后移。

运行结果如下：

```
['Python','PHP','Java','C']
```

5）在列表中查找元素

利用 Python 中的成员运算符，可以检查某个元素是否存在于列表中。关于成员运算符的用法如下：

（1）in：若元素存在于列表中，则返回 True，否则返回 False。

（2）not in：若元素不存在于列表中，则返回 True，否则返回 False。

接下来通过一个例子来演示如何在列表中查找元素。代码如下：

```
Case5_12.py
list11=["Python","Java","C"]
find_name=input("请输入要查找的语言：")
```

```
if find_name in list11:
    print("在列表中找到了相同的语言")
else:
    print("没有找到")
```

在 Case5_12.py 中，创建了一个包含 3 个元素的列表 list11，然后通过 input()函数接收一个要查找的数据，之后对 list11 进行遍历，查找在该列表中是否存在该数据。程序运行后，会产生两种结果，这两种结果分别如下：

```
请输入要查找的语言：Python✓
在列表中找到了相同的语言
请输入要查找的语言：MySQL✓
没有找到
```

6）在列表中修改元素

在列表中可通过指定索引来修改列表中的元素。示例如下：

```
Case5_13.py
list12=["Python","Java","C"]
list12[1]="PHP"
for temp in list12:
    print(temp)
```

在 Case5_13.py 中，将 list12 列表中的第二个元素"Java"修改成了"PHP"。运行结果如下：

```
Python
PHP
C
```

7）在列表中删除元素

在列表中删除元素的方法有三种。

（1）使用 del 语句删除列表。

使用 del 语句，既可以删除指定索引的列表元素，也可以直接将整个列表删除。示例如下：

```
Case5_14.py
list13=["Python","Java","C"]
del list13[1]
for temp in list13:
    print(temp)
```

在 Case5_14.py 中，创建了一个列表 list13，然后删除列表中索引为 1 的元素，并输出列表中的剩余元素。运行结果如下：

```
Python
C
```

（2）使用 pop()方法可以删除列表元素。

使用 pop()方法可以删除列表的最后一个元素。示例如下：

```
Case5_15.py
list14=["Python","Java","C"]
list14.pop()
for temp in list14:
    print(temp)
```

运行结果如下：

```
Python
Java
```

（3）使用 remove()方法删除列表元素。

使用 remove()方法可以删除列表的指定元素。示例如下：

```
Case5_16.py
list15=["Python","Java","C"]
list15.remove('Java')
for temp in list15:
    print(temp)
```

运行结果如下：

```
Python
C
```

8）列表的排序

如果希望对列表中的元素进行重新排序，则可以通过 sort()方法或 reverse()方法实现。其中，sort()方法是将列表中的元素按照特定的顺序重新排列，默认顺序为由小到大。如果要将列表中的元素由大到小排列，则可以将 sort()方法中的参数 reverse 的值设为 True。reverse()方法的作用是将列表逆置。示例如下：

```
Case5_17.py
list16=["Python","Java","C"]
list16.reverse()
print(list16)
list16.sort()
print(list16)
list16.sort(reverse=True)
print(list16)
```

在 Case5_17.py 中，首先定义了一个列表 list16，调用 reverse()方法将列表进行逆置后输出；然后，调用 sort()方法按照从小到大（按字母表的顺序）的顺序排列列表中的元素后输出；最后，调用 sort()方法，将参数 reverse 的值设置为 True，按照从大到小的顺序排列元素后重新输出。运行上面代码，运行结果如下：

```
['C','Java','Python']
['C','Java','Python']
['Python','Java','C']
```

3. 列表的嵌套

列表的嵌套是指一个列表的元素是一个列表。示例如下：

```
course_name=[['程序设计基础','高等数学'],['Java 程序设计','离散数学'],['数据结构与算法','计算机组成原理','操作系统']]
```

5.2.4 案例 14：世界杯参赛队随机分组

获取源代码

世界杯共有 32 支参赛队，这 32 支参赛队分为 8 个小组，每个小组有 4 支参赛队。现在通过随机分配的方式，将 32 支参赛队随机分成 8 个小组。

代码如下：

```
Case5_18.py
1    """
2        案例：世界杯参赛队随机分组
3        技术：for 循环、random 模块、列表
4        日期：2020-03-30
5    """
6    import random
7    teams = [[],[],[],[],[],[],[],[]]
8    countrys = ['中国','俄罗斯','德国','巴西','葡萄牙','阿根廷','比利时','波兰','法国',
                 '西班牙','秘鲁','瑞士','英格兰','哥伦比亚','墨西哥','乌拉圭','克罗地亚',
9                '丹麦','冰岛','哥斯达黎加','瑞典','突尼斯','埃及','塞内加尔','伊朗','塞尔维亚',
10               '尼日利亚','澳大利亚','摩洛哥','巴拿马','韩国','沙特']
11   for j in range(8):
12       for i in range(4):
13           index = random.randint(0,len(countrys)-1)
14           teams[j].append(countrys.pop(index))
15   print(teams)
```

运行结果如下：

```
[['丹麦','乌拉圭','澳大利亚','冰岛'],['塞内加尔','波兰','中国','葡萄牙'],['比利时', '德国','巴西','哥斯达黎加'],['塞尔维亚','突尼斯','克罗地亚','英格兰'],['瑞典','瑞士','韩国','尼日利亚'],['秘鲁','摩洛哥','西班牙','俄罗斯'],['阿根廷','巴拿马','沙特','墨西哥'], ['埃及','法国','哥伦比亚','伊朗']]
```

5.2.5　案例15：字母游戏

输入一个英文句子，找出未在该句子中出现的英文字母。注意：大小写字母算同一个字母，如"A"和"a"都算作"A"。程序的运行结果是以大写字母的形式按字母表的顺序输出未出现的字母。例如：

Enter a sentence: I am a slow walker,but I never walk backwards.(Abraham.Lincoln America)↙
Letters not in the sentence: FGJPQXYZ

上述第一行是用户输入的英文句子，第二行是程序对该句子进行判断后输出的结果。

问题分析：

（1）由于大小写字母都算同一个字母，并且要求程序的最后输出是以大写字母的形式，因此需要将用户输入的所有英文字符都转换成大写字母的形式。

（2）排除用户输入的标点符号及不属于英文字母范围内的字符。

（3）找出未在用户输入的句子中出现的字母。

本案例的代码如下：

```
Case5_19.py
1    """
2        案例：字母游戏
3        技术：for 循环、列表
4        日期：2020-03-30
5    """
6    strInput = input('Enter a sentence: ')
7    strUpper = strInput.upper()
8    list = []
9    alphabetList=['A','B','C','D','E','F','G','H','I','J','K','L','M','N','O','P','Q','R','S','T','U','V','W','X','Y','Z']
10   #排除标点符号等不属于英文字母的字符
11   for i in range(len(strUpper)):
12       if strUpper[i] in alphabetList:
13           if strUpper[i] not in list:
14               list.append(strUpper[i])
15   resultStr = ""
16   #找出不在字母表中的字母
17   for i in alphabetList:
18       if i not in list:
19           resultStr += i
20   print("Letters not in the sentence: "+resultStr)
```

运行结果如下：

Enter a sentence: The man who has made up his mind to win will never say "impossible". (Bonaparte Napoleon,

French emperor)↙

Letters not in the sentence: GJKQXZ

5.2.6 元组

Python 的元组与列表类似，不同之处在于：元组的元素不能修改；元组用圆括号包含元素，而列表用方括号包含元素。元组的创建很简单，只需要在圆括号中添加元素，并使用逗号分隔，非空元组的括号可以省略。示例如下：

```
tuple1=('Python','Java','C')
tuple2=(1,2,3,4,5)
tuple3="a","b","c","d"
```

接下来，介绍元组的几种常见操作。

1）访问元组

在 Python 中，可以使用索引来访问元组中的元素。示例如下：

```
Case5_20.py
tuple4=('Python','Java','C')
print(tuple4[0])
print(tuple4[1])
```

运行结果如下：

```
Python
Java
```

2）修改元组

元组中的元素值是不允许修改的，但可以对元组进行连接组合。示例如下：

```
Case5_21.py
tuple5=('Python','Java','C')
#tuple5[1]='PHP'        #操作非法
#可以创建一个新的元组
tuple6=('PHP','C++')
tuple7=tuple5+tuple6
print(tuple7)
```

在 Case5_21.py 中，创建了两个元组，使用运算符 "+" 连接这两个元组，生成了一个新的元组。运行结果如下：

```
('Python','Java','C','PHP','C++')
```

需要注意的是，Python 不允许修改或删除元组中的元素，否则会报错。将 Case5_21.py 中的第 2 行代码取消注释，再次运行，程序将报错。运行结果如下：

```
Traceback (most recent call last):
  File "D:/PycharmCode/Chapter05/Case5_21.py",line 2,in <module>
    tuple5[1]='PHP'      #操作非法
TypeError: 'tuple' object does not support item assignment
```

3）遍历元组

通过 for 循环可以遍历元组。示例如下：

```
Case5_22.py
tuple8=('Python','Java','C')
for temp in tuple8:
    print(temp,end="")
```

运行结果如下：

```
Python Java C
```

4）元组内置函数

Python 提供的元组内置函数如表 5-1 所示。

表 5-1 元组内置函数

函数名称	函数功能
len(tuple)	计算元组中元素的个数
max(tuple)	返回元组中元素的最大值
min(tuple)	返回元组中元素的最小值
tuple(seq)	将列表、字符串转换为元组

示例如下：

```
Case5_23.py
tuple9=('Python','Java','C')
#计算元组个数
len_size=len(tuple9)
print(len_size)
#返回元组中元素的最大值和最小值
tuple10=(6,8,2)
max_size=max(tuple10)
min_size=min(tuple10)
print(max_size)
print(min_size)
#将列表转换为元组
list_demo=['Python','Java','C']
```

```
tuple11=tuple(list_demo)
print(tuple11)
```

运行结果如下：

```
3
8
2
('Python','Java','C')
```

5.3 字　　典

5.3.1　字典简介

字典是 Python 提供的一种常用的数据结构，用于存放具有映射关系的数据。在编程中，通过"键"查找"值"的过程称为映射。例如，有一份成绩表数据：语文，79；数学，80；英语，92。这组数据看上去像两个列表，但这两个列表之间有一定的关联关系。如果仅用两个列表来保存这组数据，就无法记录两组数据之间的关联关系。为了保存具有映射关系的数据，Python 提供了字典。字典相当于保存了两组数据：一组数据是关键数据，称为 key（键）；另一组数据可通过 key 来访问，称为 value（值）。字典中的 key 和 value 的关联关系如图 5-4 所示。

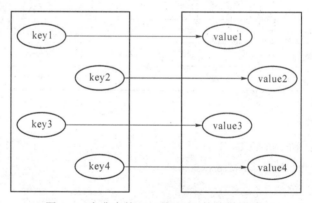

图 5-4　字典中的 key 和 value 的关联关系

注意：由于字典中的 key 是非常关键的数据，而且程序需要通过 key 来访问 value，因此字典中的 key 不允许重复。

字典的创建有两种方式：一种是使用大括号语法来创建字典；另一种是使用 dict()函数来创建字典。在使用大括号语法创建字典时，大括号中应包含多个 key-value 对，key 与 value 之间用英文冒号隔开，多个 key-value 对之间用半角逗号隔开。

例如，使用大括号语法创建存储成绩表数据的字典，代码如下：

```
scores = {'语文':89,'数学':92,'英语':93}
print(scores)
```

运行结果如下：

{'语文':89,'数学':92,'英语':93}

在使用 dict()函数创建字典时，可以传入多个列表或元组参数作为 key-value 对，每个列表（或元组）将被当成一个 key-value 对，因此这些列表（或元组）都只能包含两个元素。
例如，使用 dict()函数创建存储成绩表数据的字典。示例如下：

```
Case5_24.py
scores1=dict([('语文',89),('数学',92),('英语',93)])   #传入多个元组参数
print(scores1)
scores2=dict([['语文',89],['数学',92],['英语',93]])   #传入多个列表参数
print(scores2)
```

运行结果如下：

{'语文':89,'数学':92,'英语':93}
{'语文':89,'数学':92,'英语':93}

此外，也可以给 dict()函数传入关键字参数，代码如下：

```
Case5_25.py
scores3=dict(语文=89,数学=92,英语=93)
print(scores3)
```

运行结果如下：

{'语文':89,'数学':92,'英语':93}

5.3.2 字典的基本操作

字典包含多个 key-value 对，key 是字典的关键数据，因此程序对字典的操作都是基于 key 的。

1. 查找

字典的查找方法和序列很像，区别在于：序列通过索引查找元素；字典通过 key 查找元素。示例如下：

```
Case5_26.py
scores = {'语文':89,'数学':92,'英语':93}
print(scores['语文'])
print(scores['英语'])
```

运行结果如下：

89

93

2. 修改

若要修改字典，则只需要先通过 key 找到要修改的元素，然后给它赋值。注意，如果没有这个元素，那么执行完这条语句后相当于在字典中添加一项。示例如下：

```
Case5_27.py
scores = {'语文':89,'数学':92,'英语':93}
scores['数学']=72
scores['计算机']=98      #'计算机'不存在，相当于添加
print(scores)
```

运行结果如下：

```
{'语文':89,'数学':72,'英语':93,'计算机':98}
```

3. 删除

若要删除字典，可以使用 del 语句。示例如下：

```
Case5_28.py
scores = {'语文':89,'数学':92,'英语':93}
del scores['数学']
print(scores)
```

运行结果如下：

```
{'语文':89,'英语':93}
```

4. 判断 key-value 是否存在

如果要判断字典是否包含指定的 key，可以使用 in 或 not in 运算符，如果包含则返回 True，如果不包含则返回 False。需要注意的是，对字典使用 in 时，只会在字典中的 key 中查找这个元素。示例如下：

```
Case5_29.py
scores = {'语文':89,'数学':92,'英语':93}
print('数学' in scores)
print('计算机' in scores)
print('计算机' not in scores)
```

运行结果如下：

```
True
False
True
```

5.3.3　字典的常用方法

1. len()方法

len()方法可用于计算字典中 key-value 对的个数。示例如下：

```
Case5_30.py
scores = {'语文': 89,'数学': 92,'英语': 93}
print("字典的 key-value 对的个数：%d"%len(scores))
```

运行结果如下：

```
字典的 key-value 对的个数：3
```

2. keys()方法

keys()方法可用于获取字典中的所有 key（键）。示例如下：

```
Case5_31.py
scores = {'语文':89,'数学':92,'英语':93}
print(scores.keys())
```

运行结果如下：

```
dict_keys(['语文','数学','英语'])
```

3. values()方法

values()方法可用于获取字典中所有的 value（值）。示例如下：

```
Case5_32.py
scores = {'语文':89,'数学':92,'英语':93}
print(scores.values())
```

运行结果如下：

```
dict_values([89,92,93])
```

4. items()方法

items()方法可用于获取字典中的所有 key-value 对。示例如下：

```
Case5_33.py
scores = {'语文':89,'数学':92,'英语':93}
print(scores.items())
```

运行结果如下：

dict_items([('语文',89),('数学',92),('英语',93)])

5. get()方法

访问字典元素时，可以直接通过键来查找值，但这样会有一个问题：当这个键在字典中不存在时，程序会出错。如果想获取某个键对应的值，但是又不确定字典中是否有这个键，这时可以通过 get()方法进行获取。get()方法用于返回指定键的值，如果访问的键不在字典中，则返回默认值。示例如下：

```
Case5_34.py
scores = {'语文':89,'数学':92,'英语':93}
print(scores.get('计算机'))
print(scores.get('计算机',98))
```

在 Case5_34.py 中，调用 get()方法尝试获取"计算机"键对应的值，由于字典中不存在该键，所以会返回 None；之后，再次调用 get()方法，并设置默认值为 98，所以程序会返回98。运行结果如下：

```
None
98
```

6. pop()方法

字典与列表一样，都有 pop()方法，由于字典中的项是无序的，因此没有默认移除最后一个的说法。在使用 pop()方法时需指定一个键，pop()方法会返回这个键所对应的值，然后移除该项。如果指定的键不存在，就会引发错误。示例如下：

```
Case5_35.py
scores = {'语文':89,'数学':92,'英语':93}
scores.pop('英语')
print(scores)
```

运行结果如下：

```
{'语文': 89,'数学': 92}
```

7. clear()方法

使用 clear()方法可以清除字典中所有的项。示例如下：

```
Case5_36.py
scores = {'语文':89,'数学':92,'英语':93}
scores.clear()
print(scores)
```

运行结果如下：

```
{}
```

5.3.4　字典的遍历

1. 遍历字典的键

示例如下：

```
Case5_37.py
scores = {'语文':89,'数学':92,'英语':93}
for key in scores.keys():
    print(key)
```

运行上面的代码，对字典中的键进行遍历，运行结果如下：

```
语文
数学
英语
```

2. 遍历字典的值

示例如下：

```
Case5_38.py
scores = {'语文':89,'数学':92,'英语':93}
for value in scores.values():
    print(value)
```

运行上面的代码，对字典中的值进行遍历，运行结果如下：

```
89
92
93
```

3. 遍历字典中的元素

示例如下：

```
Case5_39.py
scores = {'语文':89,'数学':92,'英语':93}
for item in scores.items():
    print(item)
```

运行上面的代码，对字典中的元素进行遍历，运行结果如下：

```
('语文',89)
('数学',92)
('英语',93)
```

4. 遍历字典中的键值对

示例如下：

```
Case5_40.py
scores = {'语文':89,'数学':92,'英语':93}
for key,value in scores.items():
    print("key=%s,value=%s"%(key,value))
```

运行上面的代码，得到字典中的键和值，运行结果如下：

```
key=语文,value=89
key=数学,value=92
key=英语,value=93
```

5.4　模块 3：jieba 库

5.4.1　jieba 库简介

jieba 是优秀的中文分词第三方库。中文分词是指将中文语句（或语段）拆分成若干汉语词汇。例如，语句"我爱我的祖国"经过分词处理之后，被分成"我""爱""我""的""祖国"五个汉语词汇。

在英文文本中，每个单词之间以空格作为自然分界符，而中文只有句子和段落能通过明显的分界符来简单划分，词并没有一个形式上的分界符。虽然英文也同样存在短语的划分问题，但是在词的划分这一层上，中文要比英文复杂得多、困难得多。

5.4.2　jieba 库的安装

jieba 库可以通过在 Windows 操作系统中使用命令安装和 PyCharm 可视化工具两种方法安装。

1. 在 Windows 操作系统中使用命令安装

在联网状态下，在命令行下输入"pip install jieba"即可进行安装，安装完成后，会提示安装成功，如图 5-5 所示。

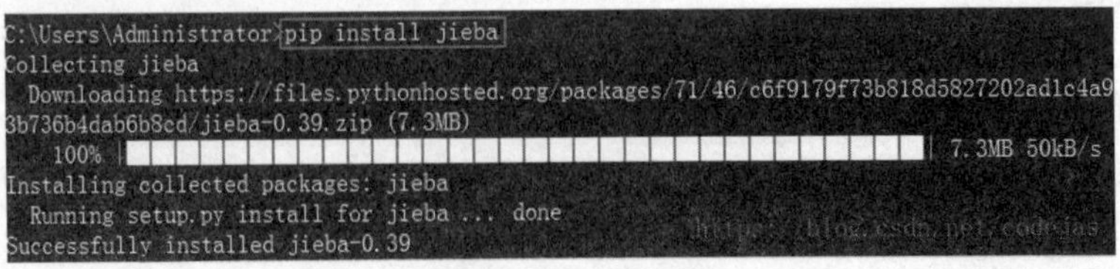

图 5-5　命令行安装示例

2. PyCharm 可视化安装

打开 PyCharm，单击"file"→"settings"，在打开的"settings"对话框中选择
"Project:***"（***为项目名称）→"Project Interpreter"选项，如图 5-6 所示。单击右上角的
绿色"+"按钮，添加"Package"，出现如图 5-7 所示的对话框。输入"jieba"进行搜索，找
到"jieba"选项，单击下方的"Install Package"按钮，即可安装。

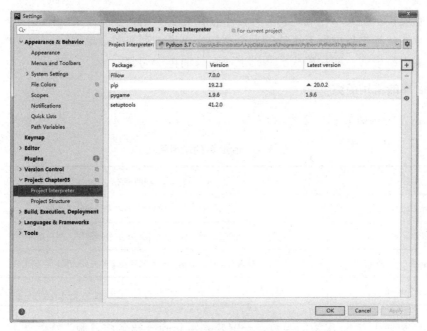

图 5-6　添加 Package 示例

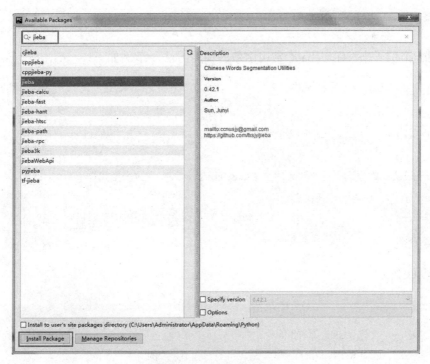

图 5-7　开始安装 jieba

5.4.3 jieba 库的使用

1. jieba 库的分词模式

jieba 库支持以下三种分词模式。

（1）精确模式：把文本精确地切分开，不存在冗余单词。

（2）全模式：把文本中所有可能的词语都扫描出来，存在冗余单词。

（3）搜索引擎模式：在精确模式基础上，对长词再次切分。

2. jieba 库的常用函数

jieba 库的常用函数如表 5-2 所示。

表 5-2　jieba 库的常用函数

函数	功能描述
jieba.lcut(s)	精确模式，返回一个列表类型的分词结果
jieba.lcut(s,cut_all=True)	全模式，返回一个列表类型的分词结果，存在冗余
jieba.lcut_for_search(s)	搜索引擎模式，返回一个列表类型的分词结果，存在冗余
jieba.add_word(w)	向分词词典添加新词 w

注意：要想使用 jieba 库中的函数，一定要先用 import 语句将其引入：

```
import jieba
```

下面用一个例子来演示 jieba 库常用函数的使用方法。示例如下：

```
Case5_41.py
import jieba
seg_list1=jieba.lcut("中国是一个伟大的国家")                    #精确模式
print(seg_list1)
seg_list2=jieba.lcut("中国是一个伟大的国家",cut_all=True)        #全模式
print(seg_list2)
seg_list3=jieba.lcut_for_search("中华人民共和国是伟大的")         #搜索引擎模式
print(seg_list3)
```

运行结果如下：

```
['中国','是','一个','伟大','的','国家']
['中国','国是','一个','伟大','的','国家']
['中华','华人','人民','共和','共和国','中华人民共和国','是','伟大','的']
```

5.5　案例16：中文词频统计

获取源代码

在《水浒传》中，作者对谁用的笔墨更多呢？下面我们统计一下排在前五名的人物及其出场次数。

1. 文本输入

读者可以从本书的配套资源中获取《水浒传》文本资源，然后通过 Python 的读取文件功能把文件中的内容转换成字符串。示例如下：

```
txt = open("水浒传.txt","r",encoding="utf-8").read()
```

open()函数可用于打开文件，其中第一个参数是文件所在的路径，第二个参数是文件的打开模式，第三个参数是确定所要打开文件的编码格式。read()函数用于读取文件，并将读取到的内容转换成字符串。

2. 问题处理

该案例的问题处理主要是统计人物的出场次数，解决这个问题的关键点有两个：一是如何获取人物名字；二是如何统计词频。接下来，分析解决这个问题的方案。对于人物名字的获取，可以使用 jieba 库将已经获取到的文本字符串进行分词。代码如下：

```
words = jieba.lcut(txt)
```

在进行分词之后，可以获取很多词语。若要统计每个词语出现的次数，就需要使用一种数据结构来同时保存词语和词频，并实时对词频进行更新，所以数据结构应该具有可变且元素为键值对的特点，能直接使用字典保存。下面以字典 counts 和单词 word 为例，实现统计词语出现次数的功能，代码如下：

```
if word in counts:
    counts[word]=counts[word]+1
else:
    counts[word]=1
```

上述代码可简写如下：

```
counts[word] = counts.get(word,0) + 1
```

以上代码的含义：若字典 counts 中存在 word，则返回 word 对应的值，并在此基础上加1；若 word 不在字典 counts 中，则直接返回默认值 0，并在此基础上加 1。

因为故事中对于宋江的称呼有"宋公明""宋押司"，对林冲的称呼有"林教头"，所以需要对多个词语进行统一处理。以统一称呼宋江为例，可采取如下代码：

```
if word == "宋公明" or word == "宋押司" or word == "宋江道":
rword = "宋江"
```

说明：在程序调试中发现，字典中的词有"宋江道"，但没有"宋江"。

除了这些人称外，文本中还有很多与人物无关的词，如"两个""只见""如何"等，所以需要将这些词语排除。对此，可以将这些无意义的词语存放到集合中，并通过遍历集合中的无意义词语来删除字典中的元素。代码如下：

```
for word in excludes:
    del counts[word]
```

3. 结果输出

本案例的目的是输出排在前五名的人物。因此，需要将人物按照出场的次数由多到少进行排序，并以固定的格式进行输出。统计词语数量时，使用字典存储词及其数量，但字典中的元素是无序的，因此这里可以先将字典转换为有顺序的列表，再让列表按词出现的次数排序。代码如下：

```
items = list(counts.items())
items.sort(key=lambda x:x[1],reverse=True)
```

本案例的代码如下：

```
Case5_42.py
1    """
2         案例：中文词频统计
3         技术：jieba 库
4         日期：2020-03-30
5    """
6    import jieba
7    txt = open("水浒传.txt","r",encoding="utf-8").read()          #获取文本字符串
8    excludes = {"两个","一个","怎么","如何","那里","说道","原来","众人","头领","这里","梁山泊",
     "出来","小人"}                                              #构建无意义词语集合
9    words = jieba.lcut(txt)                                      #将文本字符串分词
10   counts = {}                                                  #定义空字典，用于存放词语和词频
11   for word in words:
12       if len(word) == 1:                                      #如果是标点符号，则跳过，不统计
13           continue
14       elif word == "宋公明" or word == "宋押司" or word == "宋江道":   #同一人
15           rword = "宋江"
16       elif word == "林教头":
17           rword = "林冲"
18       else:
19           rword = word
20       counts[rword] = counts.get(rword,0) + 1                  #统计词语出现的次数
21   #删除无意义的词语
22   for word in excludes:
```

```
23      del counts[word]
24  #按词语出现的次数排序
25      items = list(counts.items())
26      items.sort(key=lambda x:x[1],reverse=True)
27  #采用固定格式进行输出
28      for i in range(5):
29          word,count = items[i]
30  print("{:<10}{:>5}".format(word,count))
```

运行上面代码，得到《水浒传》人物出场次数前五名如下：

宋江	3196
李逵	1100
武松	1027
林冲	694
吴用	648

注意：Case5_42.py 仅用于介绍词频统计的方法，若要精确统计，还需对程序进一步完善。

5.6　集　　合

与数学中的集合一样，Python 中的集合也具有两个重要特性 —— 无序、唯一。Python 集合中的元素与字典中的一样，都是无序的，但集合没有 key（键）的概念。在创建集合对象时，相同的元素会被去除，只留下一个。

5.6.1　集合的创建

集合使用 "{}" 包含元素，各元素之间使用半角逗号进行分隔。创建集合最简单的方法是使用赋值语句。示例如下：

```
set_demo={1,2,3}
```

此外，还可以使用 set() 函数创建可变集合，在该函数中可以传入任何组合数据类型。示例如下：

```
Case5_43.py
set_one=set('python')
print(set_one)
set_two=set((100,True,'word'))
print(set_two)
```

运行结果如下：

```
{'h','o','t','y','n','p'}
{True,100,'word'}
```

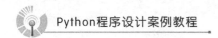

注意：空集合只能使用 set()函数进行创建。

5.6.2　集合的基本操作

1. 访问元素

由于集合中的元素是无序的，也没有 key（键）这个概念，因此集合不能通过索引和键访问元素。Python 中只能通过循环语句来遍历集合中的所有元素。示例如下：

```
Case5_44.py
set_demo=set(["I","like","Python"])
for item in set_demo:
    print(item)
```

运行结果如下：

```
I
like
Python
```

从运行结果可以看出，由于集合是无序的，因此输出的顺序与集合定义的顺序不一定相同。

2. 添加元素

在 Python 中，可以使用 add()方法实现向集合中添加元素。示例如下：

```
Case5_45.py
set_demo=set()                    #创建一个空集合
set_demo.add("py")                #使用 add()方法添加元素
print(set_demo)
```

运行结果如下：

```
{'py'}
```

3. 删除元素

在 Python 中，使用 remove()方法、discard()方法和 pop()方法删除集合中的元素，下面介绍这三种方法的具体功能。

1）remove()方法

remove()方法可用于删除集合中的指定元素。示例如下：

```
Case5_46.py
remove_set={'red','green','black'}
remove_set.remove('red')
print(remove_set)
```

运行结果如下：

{'green','black'}

注意：如果指定要删除的元素不在集合中，就会出现 KeyError 错误。

2）discard()方法

discard()方法也可以用于删除指定的元素，若指定的元素不存在，则该方法不执行任何操作。示例如下：

```
Case5_47.py
discard_set={'red','green','black'}
discard_set.discard('green')
discard_set.discard('white')          #white 元素不存在，不进行任何操作
print(discard_set)
```

运行结果如下：

{'black','red'}

3）pop()方法

pop()方法可用于删除集合中的随机元素。示例如下：

```
Case5_48.py
pop_set={'red','green','black'}
pop_set.pop()
print(pop_set)
```

运行结果如下：

{'red','green'}

4．清空集合

如果需要清空集合，可以使用 clear()方法来实现。示例如下：

```
Case5_49.py
clear_set={'red','green','black'}
clear_set.clear()
print(clear_set)
```

运行结果如下：

set()

5.7　案例 17："贴瓷砖"游戏之三 —— 计算瓷砖单元中心点

　　"贴瓷砖"游戏的一个重要限制是瓷砖不可重叠，本节解决该问题的思路是：找到每块瓷砖的单元中心点，只要单元中心点不落在其他瓷砖的范围，则该瓷砖不与其他瓷砖重叠。单元中心点的含义如图 5-8 所示，即单元中心点是原点和边界点的中点，表示该单元块的中心。

获取源代码

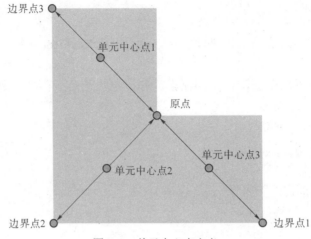

图 5-8　单元中心点定义

该部分代码，在 3.6.1 节 Case3_7.py 的基础上增加若干行形成。下文中添加注释的行，就是新添加的代码。

```
Case5_50.py
1    """
2        案例："贴瓷砖"游戏之三 —— 计算瓷砖单元中心点
3        技术：turtle 库
4        日期：2020-03-30
5    """
6    import turtle
7
8    origin_point = (0,0)                              #利用元组定义原点坐标
9    edge_point_list = []                              #利用列表定义边界点坐标，其每个元素是一个元组
10   center_point_list = []                            #利用列表定义单元中心点坐标，其每个元素是一个元组
11
12   turtle.fillcolor("blue")
13   turtle.begin_fill()
14   turtle.forward(100)
15   turtle.right(90)
16   turtle.forward(100)
17   edge_point_list.append(turtle.position())         #将当前点坐标插入边界列表
18   turtle.right(90)
19   turtle.forward(100*2)
20   edge_point_list.append(turtle.position())         #将当前点坐标插入边界列表
21   turtle.right(90)
22   turtle.forward(100*2)
23   edge_point_list.append(turtle.position())         #将当前点坐标插入边界列表
24   turtle.right(90)
```

```
25    turtle.forward(100)

26    turtle.right(90)

27    turtle.forward(100)

28    turtle.end_fill()

29    center_point_list.append(((origin_point[0]+edge_point_list[0][0])*0.5,(origin_point[1]+
      edge_point_list[0][1])*0.5))                    #计算中心点

30    center_point_list.append(((origin_point[0]+edge_point_list[1][0])*0.5,(origin_point[1]+
      edge_point_list[1][1])*0.5))                    #计算中心点

31    center_point_list.append(((origin_point[0]+edge_point_list[2][0])*0.5,(origin_point[1]+
      edge_point_list[2][1])*0.5))                    #计算中心点

32    print(edge_point_list)                          #输出边界点

33    print(center_point_list)                        #输出中心点

34

35    turtle.done()
```

运行结果如图 5-9 所示。

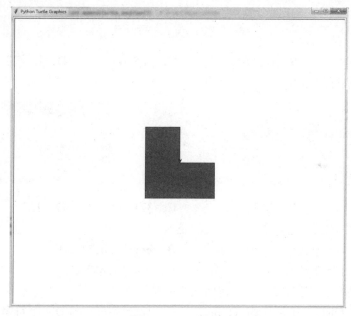

图 5-9 运行结果

5.8 本 章 小 结

本章首先介绍了组合数据类型的分类，序列索引和切片的用法，列表、元组的用法，并结合列表的知识开发了"世界杯参赛队随机分组"案例和"字母游戏"案例；然后，介绍了字典的操作方法及 jieba 库的用法，并利用列表和字典的知识实现了"中文词频统计"案例；之后，介绍了集合的操作方法；最后，利用本章内容，解决了"贴瓷砖"游戏中的计算瓷砖单元中心点的问题。

习题

一、选择题

1. 关于列表的说法，下列选项中错误的是（　　　　）

    A．list 是一个有序集合，没有固定大小

    B．list 可以存放任意类型的元素

    C．使用 list 时，其下标可以是负数

    D．list 是不可变的数据类型

2. 若 "ord("a") == 97"，则以下程序的输出结果是（　　　　）。

```
list_demo = [ 1,2,3,4,5,'a','b']
print(list_demo[1] ,1ist_demo(5))
```

    A．1　5   B．2　a   C．1　97   D．2　97

3. 执行下面的操作后，list_two 的值为（　　　　）。

```
1ist_one = [4,5,6]
1ist_two = list_one
list_one[2] = 3
```

    A．[4,5,6]   B．[4,3,6]   C．[4,5,3]   D．以上三项均错误

4. 下面程序执行的结果为（　　　　）。

```
list_demo = [1,2,1,3]
nums = set(list_demo)
for i in nums：
print(i,end =" ")
```

    A．1213   B．213   C．321   D．123

5. 下列选项中，正确定义了一个字典的是（　　　　）。

    A．a=['a',1,'b',2,'c',3]   B．b=('a',1,'b',2,'c',3)

    C．c={'a',1,'b',2,'c',3}   D．d=['a':1,'b':2,'c':3]

6. 下列选项中，不支持使用下标访问元素的是（　　　　）。

    A．列表（list） B．元组（tuple） C．集合（set） D．字符串（str）

7. 下列程序执行后的输出结果为（　　　　）。

```
x = 'abc'
y = x
y = 100
print(x)
```

    A．abc   B．100   C．97,98,99   D．以上三项均错误

8. 下列选项中，删除列表中最后一个元素的函数是（　　　　）。

    A．del   B．pop   C．remove   D．cut

9. 下列函数中，用于返回元组中元素最小值的是（　　　　）。

   A．len　　　　　　B．max　　　　　　C．min　　　　　　D．tuple

二、填空题

1. Python 的序列包括字符串、列表和（　　　　）。

2. Python 中的可变数据类型有（　　　　）和（　　　　）。

3. 在列表中查找元素时可以使用（　　　　）和 in 运算符。

4. 若要按照从小到大的顺序排列列表中的元素，可以使用（　　　　）方法实现。

5. 元组使用（　　　　）存放元素，列表使用方括号。

三、判断题

1. 列表的索引是从 0 开始的。（　　　　）

2. 使用 insert()方法可以在列表的指定位置插入元素。（　　　　）

3. 使用索引能修改列表的元素。（　　　　）

4. 列表的嵌套指的是列表的元素是另一个列表。（　　　　）

5. 通过索引可以修改和访问元组的元素。（　　　　）

6. 字典中的值只能是字符串类型。（　　　　）

7. 字典可以使用 count()方法计算键值对的个数。（　　　　）

四、编程题

1. 编写一个程序，根据给定的公式计算并输出值，公式为 Q=sqrt((2*C*D)/H)。C 和 H 为固定值：C=50；H=30。D 是一个变量，它的值应该以英文逗号分隔的序列输入程序。例如，程序的输入序列为"100,150,180"，程序输出"18,22,24"。

2. 学校招聘了 8 名新教师，已知学校有 3 个空闲办公室且工位充足，现需要随机安排这 8 名教师的工位。编写程序实现为这 8 名教师随机分配办公室的功能。

3. 编写程序统计《三国演义》中出场频率排名前 20 位的人物。

第6章

函数和代码复用

■ 程序开发过程中，随着需要处理的问题越来越复杂，程序中的语句会越来越多。冗长的程序不仅在阅读和理解上给开发人员增加了难度，也不利于后期对程序的维护与二次开发。通常处理复杂问题的基本方法是"化繁为简，分而治之"，也就是将复杂的问题分解成若干小问题，只要将各个小问题解决了，大问题就迎刃而解。在程序开发中，可以将小功能封装到函数中。本章将对 Python 中的函数进行详细介绍。

■ 本章将利用函数知识完成"贴瓷砖"游戏的代码封装和重构。

6.1 函 数 简 介

函数是组织好的、可重复使用的、用于实现单一功能（或相关联功能）的代码段，在程序中可通过调用该函数名字的方式来调用对应的代码段。

函数大体可以划分为两类：一类是系统内置函数，它们由 Python 内置函数库提供，如 print()、input()、int()等；另一类是自定义函数，它们是由用户根据需求而自定义的具有特定功能的一段代码。自定义函数像一个具有某种特殊功能的容器，它将多条语句组成一个有名称的代码段，以实现具体的功能。

6.2 函数的定义和调用

6.2.1 函数的定义

Python 使用 def 关键字定义函数，其基本语法格式如下：

```
def 函数名([参数 1,参数 2,…]):
    程序块
    [return 返回值 1,返回值 2,…]
```

（1）参数列表(参数1,参数2,…)：可有可无。参数列表用于接收函数调用时传递进来的数据，如果有多个参数，则各参数之间必须用半角逗号分开。定义函数时，参数列表中的参数是形式参数，简称"形参"，形参用来接收调用该函数时传入函数的参数。注意，形参只会在函数被调用的时候才分配内存空间，一旦调用结束就会即刻释放，因此形参只在函数内部有效。

（2）返回值列表(返回值1,返回值2,…)：可有可无。返回值列表是执行完函数后返回的数据，若有多个返回值，则各返回值之间必须用半角逗号分开，且主程序中需要有多个变量来接收这些返回值。

接下来，定义一个计算矩形面积的函数，代码如下：

```
def GetArea(width,height):
    area=width*height
    return area
```

以上定义了一个函数名为 GetArea 的函数，用参数传递矩形的宽、高的值，计算矩形面积后返回面积值。

6.2.2　函数的调用

函数在定义后不会立即执行，其被程序调用时才会生效。调用函数的方式非常简单，一般形式如下：

```
函数名(参数列表)
```

其中，参数列表是调用带有参数的函数时传入的参数，传入的参数称为实际参数，简称"实参"。实参是程序执行过程中真正使用的参数，可以是常量、变量、表达式、函数等。

例如，调用已定义的 GetArea()函数，代码如下：

```
GetArea(3,5)
```

在该代码中，"3"和"5"是实参，它们分别被传递给函数定义中的形参 width 和 height。注意，函数在使用前必须被定义，否则解释器会报错。

定义和调用 GetArea()函数的示例如下：

```
Case6_1.py
def GetArea(width,height):
    area=width*height
    return area
ret=GetArea(3,5)
print(ret)
```

代码运行结果如下：

```
15
```

6.3　函数的参数

6.3.1　位置参数

调用函数时，默认按位置顺序将对应的实参传递给形参，即将第 1 个实参分配给第 1 个形参，将第 2 个实参分配给第 2 个形参，照此类推。

定义一个计算两个数之和的函数 sum()，示例如下：

```
Case6_2.py
def sum(a,b):
    ret=a+b
    print(ret)
#使用下面的代码调用 sum()函数：
sum(2,3)      #位置参数传递
```

上述代码调用 sum()函数时，传入实参"2"和"3"，根据实参和形参的位置关系，"2"被传递给形参 a，"3"被传递给形参 b。

运行结果如下：

```
5
```

6.3.2　关键字参数

如果函数中的形参过多，开发者往往难以记住每个参数的作用，这时可以通过关键字来传递参数。关键字参数传递按"形参=实参"的格式将实参与形参关联，根据形参的名称进行参数传递。

例如，当前有一个函数 info()，该函数包含 3 个形参，示例如下：

```
Case6_3.py
def info(name,age,sex):
    print("姓名：",name)
    print("年龄：",age)
    print("性别：",sex)
```

调用 info()函数时，通过关键字为不同的形参传值，示例如下：

```
info(age=18,name="张三",sex="男")
```

注意：调用函数时，无须关心定义函数时的参数的顺序，在传递参数时指定对应的名称即可。

运行结果如下：

```
姓名：张三
年龄：18
性别：男
```

6.3.3　默认参数

定义函数时，可以指定形参的默认值。调用函数时，若没有给带有默认值的形参传值，则直接使用该参数的默认值；若给带有默认值的形参传值，则实参的值会覆盖默认值。

例如，定义 info()函数时，为参数 age 设置默认值，示例如下：

```
Case6_4.py
def info(name,sex,age=20):
    print("姓名：",name)
    print("年龄：",age)
    print("性别：",sex)
```

可通过以下两种方式调用 info()函数：

```
info(name="张三",sex="男")
info(name="张三",sex="男",age=18)
```

运行结果如下：

```
姓名：张三
年龄：20
性别：男
姓名：张三
年龄：18
性别：男
```

使用第一种形式调用函数时，未传值给参数 age，所以使用该参数的默认值 20；使用第二种形式调用函数时，给参数 age 传值"18"，所以参数 age 的新值会替换该参数的默认值。注意：若函数中包含默认参数，则调用该函数时默认参数应在其他实参之后。

6.3.4　不定长参数

若传入函数中的参数的个数不确定，则可以使用不定长参数。不定长参数也称可变参数，其接收参数的数量可以任意改变。包含可变参数的函数的语法格式如下：

```
def 函数名([formal_args,]*args,**kwargs):
```

> 程序块
>
> [return 返回值 1,返回值 2,…]

在上述格式中，参数*args 和参数**kwargs 都是不定长参数。

1. *args

不定长参数*args 用于接收不定数量的参数，调用函数时，传入的所有参数被*args 接收后都以元组形式保存。以定义一个多数值加法器函数为例，代码如下：

```
Case6_5.py
def calsum(*args):
    total=0
    for param in args:
        total+=param
    return total
print("2 个参数：3+2=%d"%calsum(3,2))
print("3 个参数：4+8+10=%d"%calsum(4,8,10))
print("4 个参数：4+5+6+7=%d"%calsum(4,5,6,7))
```

代码运行结果如下：

```
2 个参数：3+2=5
3 个参数：4+8+10=22
4 个参数：4+5+6+7=22
```

2. **kwargs

不定长参数**kwargs 用于接收不定数量的关键字参数，调用函数时传入的所有参数被**kwargs 接收后以字典形式保存。以定义一个包含参数**kwargs 的函数为例，代码如下：

```
Case6_6.py
def score(**kwargs):
    print(kwargs)
score(语文=100,数学=95,英语=76)
```

运行结果如下：

```
{'语文':100,'数学':95,'英语':76}
```

6.4 变量的作用域

一个程序的变量并不是在任何位置都可以访问的，其访问权限取决于变量定义的位置，其所处的有效范围视为变量的作用域。变量的作用域决定了哪一部分程序可以访问哪些特定变量。根据作用域的不同，变量可以划分为局部变量和全局变量。

6.4.1 局部变量

局部变量是在函数内定义的变量，只在定义它的函数内生效。
示例如下：

```
Case6_7.py
def demo():
    num=10                      #局部变量
    print(num)                  #函数内部访问局部变量
demo()
print(num)                      #函数外部访问局部变量
```

运行结果如下：

```
Traceback (most recent call last):
    File "D:/PycharmCode/Chapter06/Case6_7.py",line 5,in <module>
    print(num)                      #函数外部访问局部变量
NameError: name 'num' is not defined
10
```

以上程序在输出变量 num 的值之后又输出了 NameError 的错误信息。由此可知，函数中定义的变量在函数内部可使用，但无法在函数外部使用。

局部变量的作用域仅限于定义它的代码段内，在同一个作用域内不允许出现同名的变量。

6.4.2 全局变量

全局变量是指在函数之外定义的变量，它在程序的整个运行周期内都占用存储单元。默认情况下，函数的内部只能获取全局变量，而不能修改全局变量的值。示例如下：

```
Case6_8.py
num=10                 #全局变量
def demo():
    num=20                 #实际上定义了局部变量，局部变量与全局变量重名
    print(num)
demo()
print(num)
```

运行结果如下：

```
20
10
```

从以上结果可知，程序在函数 demo()内部访问的变量是 num=20，函数外部访问的变量为 num=10。也就是说，函数的内部并没有修改全局变量的值，而是定义了一个与全局变量同名的局部变量。

如果要在函数内部修改全局变量的值，就需要使用关键字 global 进行声明。示例如下：

```
Case6_9.py
num=10                      #全局变量
def demo():
    global num              #声明 num 为全局变量
    num +=10                #函数内修改 num 变量
    print(num)
demo()
print(num)
```

运行结果如下：

```
20
20
```

由运行结果可知，在函数内部使用关键字 global 对全局变量进行声明后，函数中对全局变量进行的修改在整个程序中都有效。

6.5　函数的特殊形式

除了前面介绍的函数外，Python 还支持一些特殊形式的函数，如匿名函数、递归函数。

6.5.1　匿名函数

匿名函数是无须函数名标识的函数，它的函数体只能是单个表达式。Python 中使用关键字 lambda 来定义匿名函数。匿名函数的语法格式如下：

```
lambda 参数列表:表达式
```

由于定义的匿名函数不能被直接使用，因此最好用一个变量来保存它，以便后期可以随时使用这个函数。示例如下：

```
Case6_10.py
area=lambda x,y:x*y
print("矩形的面积：",area(3,5))
print("矩形的面积：",area(10,12))
```

运行结果如下：

```
矩形的面积：15
```

矩形的面积：120

6.5.2 递归函数

在函数内部，可以调用其他函数。如果一个函数在内部调用该函数本身，则该函数是递归函数。递归作为一种算法在程序设计语言中广泛应用，它通常用于把一个大型复杂的问题转化为一个与原问题相似、规模较小的问题来求解。递归策略只需少量的程序就可描述解题过程所需的多次重复计算，从而大大减少程序的代码量。

通常，递归函数包含基例和递归体。

（1）基例：子问题的最小规模，用于确定递归何时终止，也称为递归出口。

（2）递归体：包括一个或多个对自身函数的调用。

接下来，通过一个计算 $n!$ 的例子来演示递归函数的使用。示例如下：

```
Case6_11.py
def fact(n):
    if n==1:                          #基例
        return 1
    else:
        return fact(n-1)*n            #递归体
number=int(input("请输入一个正整数："))
print("%d!="%number,fact(number))
```

代码运行结果如下：

```
请输入一个正整数：5↙
5!= 120
```

用递归法计算 5!的执行过程如图 6-1 所示。

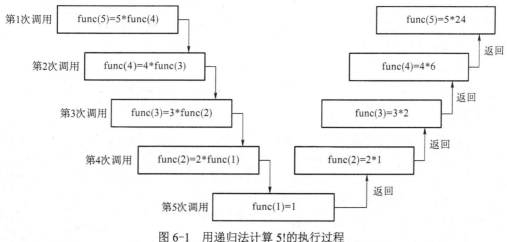

图 6-1　用递归法计算 5!的执行过程

6.6 案例18：利用递归绘制分形树

获取源代码

在计算机科学中，分形树索引是一种树数据结构。本节将利用 turtle 库和递归函数的知识，绘制如图 6-2 所示的分形树。

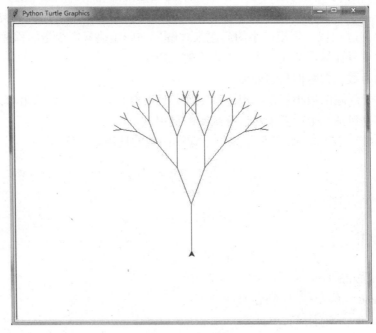

图 6-2 分形树

绘制操作分析：

（1）设置树干初始长度为 50。

（2）每次绘制完树枝，画笔右转 20°。

（3）绘制下一段树枝时，长度减少 15 像素。

（4）重复（2）、（3）操作，直到终止。

（5）终止条件：树枝长度小于 5 像素，此时为顶端树枝。

（6）达到终止条件后，画笔左转 40°，以当前长度减少 15 像素来绘制树枝。

（7）右转 20°，回到原方向，退回上一个节点，直到操作完成。

实现该案例的代码如下：

```
Case6_12.py
1    """
2        案例：利用递归函数绘制分形树
3        技术：递归函数、turtle 模块
4        日期：2020-03-30
5    """
6    import turtle
7    def draw_branch(branch_length):
```

```
8          if branch_length > 5:
9              #绘制右侧树枝
10             turtle.forward(branch_length)
11             print("前进 ",branch_length)
12             turtle.right(20)
13             print("右转 20")
14             draw_branch(branch_length - 15)
15             #绘制左侧树枝
16             turtle.left(40)
17             print("左转 40")
18             draw_branch(branch_length - 15)
19             #返回之前的树枝
20             turtle.right(20)
21             print("右转 20")
22             turtle.backward(branch_length)
23             print("后退 ",branch_length)
24     def main():
25         turtle.left(90)
26         turtle.penup()
27         turtle.backward(150)
28         turtle.pendown()
29         draw_branch(90)
30         turtle.done()
31     main()
```

代码运行后，绘制出图 6-2 所示的分形树。受篇幅所限，以下给出在控制台输出的部分结果：

```
前进 90
右转 20
前进 75
右转 20
前进 60
右转 20
……
右转 20
后退 60
右转 20
后退 75
右转 20
后退 90
```

6.7　模块 4：time 库

timc 库是 Python 中处理时间的标准库。time 库包括时间获取函数、时间格式化函数、程序计时函数。

6.7.1　时间获取函数

1）time()

time()函数可用于获取当前时间戳。示例如下：

```
Case6_13.py
import time
ticks=time.time()
print("当前时间戳：",ticks)
```

运行结果如下：

```
当前时间戳：1585662187.800114
```

2）ctime()

ctime()函数能以易读的方式获取当前时间。示例如下：

```
Case6_14.py
import time
time=time.ctime()
print("当前时间：",time)
```

运行结果如下：

```
当前时间：Tue Mar 31 21:43:42 2020
```

3）localtime()

localtime()函数可将一个时间戳转换为本地的时间元组。示例如下：

```
Case6_15.py
import time
time=time.localtime()
print(time)
```

运行结果如下：

```
time.struct_time(tm_year=2020,tm_mon=3,tm_mday=31,tm_hour=21,tm_min=44,tm_sec=17,tm_wday=1,
tm_yday=91,tm_isdst=0)
```

以上结果返回的是一个 struct_time 类型的对象，它包含 9 个字段。其中，tm_year 获取当前年份，tm_mon 表示当前月份，tm_mday 表示当前日期，tm_hour 表示当前小时数，tm_min 表示当前分钟数，tm_sec 表示当前秒数，tm_wday 表示当前星期数，tm_yday 表示一年中的第几天，tm_isdst 决定是否为夏令时的标识符。

6.7.2 时间格式化函数

时间格式化函数为 strftime()，它可以返回一个格式化的日期与时间。该函数的语法格式如下：

```
time.strftime(format[,t])
```

- format：格式字符串。
- t：可选的参数 t 是一个 struct_time 对象。

示例如下：

```
Case6_16.py
import time
#格式转化成 2020-03-21 10:44:56 格式
print(time.strftime("%Y-%m-%d %H:%M:%S",time.localtime()))
```

运行结果如下：

```
2020-03-31 21:44:57
```

Python 中的常用时间日期格式化符号及其含义如表 6-1 所示。

表 6-1　常用的时间日期格式化符号及其含义

格式化符号	含义
%Y	四位数的年份表示（0000~9999）
%y	两位数的年份表示（00~99）
%m	月份（01~12）
%d	日期（01~31）
%H	24 小时制小时数（0~23）
%I	12 小时制小时数（01~12）
%M	分钟数（00~59）
%S	秒数（00~59）
%A	本地完整星期名称

6.7.3 程序计时函数

1）sleep()

sleep()函数可用于推迟调用线程的运行。该函数的语法格式如下：

```
time.sleep(t)
```

其中，t 表示推迟执行的秒数。

示例如下：

```
Case6_17.py
import time
time_left = 60                              #定义剩余时间
while time_left > 0:
    print('倒计时(s)：',time_left)
    time.sleep(1)                           #程序推迟执行 1 秒
    time_left = time_left − 1
```

运行上面的代码，每次倒计时的输出时间间隔 1 秒，运行结果如下：

```
倒计时(s): 60
倒计时(s): 59
倒计时(s): 58
倒计时(s): 57
倒计时(s): 56
……
倒计时(s): 5
倒计时(s): 4
倒计时(s): 3
倒计时(s): 2
倒计时(s): 1
```

2）perf_counter()

perf_counter()函数可返回一个 CPU 级别的精确时间计数值，单位为秒。由于这个计数值起点不确定，因此只有连续调用差值才有意义。

接下来，为本书 2.9 节的"文本进度条"案例（Case2_4.py）添加计时功能，演示 perf_counter()函数的用法。代码如下：

```
Case6_18.py
import time
scale = 50
start = time.perf_counter()             #开始计时
for i in range(scale+1):
    a = '*' * i
    b = '.' * (scale−i)
    c = (i/scale)*100
    dur=time.perf_counter()−start       #计算进度条执行时间
    print("\r{:^3.0f}%[{}->{}]{:.2f}s".format(c,a,b,dur),end="")
```

time.sleep(0.1)	#在输出下一个百分之几的进度前，停止 0.1 秒

运行结果如下：

38 %[*******************->.....................]]1.90s

6.8 案例19：数字时钟动态显示

获取源代码

本节将使用 turtle 库和 time 库的相关知识绘制图 6-3 所示的数字时钟，并使数字时钟的时间随本地时间动态变化。

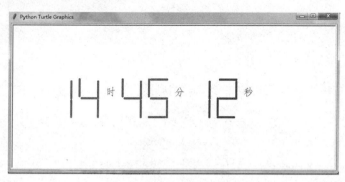

图 6-3 数学时钟运行结果

数字时钟的程序可以分为两个任务：绘制数字时钟；按照时间的变化来更新该数字时钟，即动态显示数字时钟。

6.8.1 绘制数字时钟

要想绘制数字时钟，得先要解决如何绘制单个数字的问题，这其实是一个经典的"七段数码管"问题。解决思路：首先，把一位数字拆分成 7 段，给每段一个标号，如图 6-4 所示；然后，将不同段绘制、组合成不同的数字。例如，数字"8"需要绘制全部段，而数字"0"不需要绘制中间的横段，数字"1"只需要绘制右边的上下两个竖段。

根据段的标号，可以总结如下：

（1）需要绘制标号 1 段的数字有：2、3、4、5、6、8、9。

（2）需要绘制标号 2 段的数字有：0、1、3、4、5、6、7、8、9。

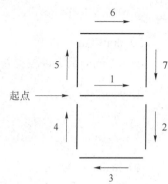

图 6-4 一位数字的 7 段标号

（3）需要绘制标号 3 段的数字有：0、2、3、5、6、8、9。

（4）需要绘制标号 4 段的数字有：0、2、6、8。

（5）需要绘制标号 5 段的数字有：0、4、5、6、8、9。

（6）需要绘制标号 6 段的数字有：0、2、3、5、6、7、8、9。

（7）需要绘制标号 7 段的数字有：0、1、2、3、4、7、8、9。

解决绘制数字时钟问题的步骤：首先，绘制单个数字对应的数码管；然后，获得一串数字，绘制对应的数码管；最后，获得系统时间，绘制对应的数码管。

1）drawLine()函数

drawLine()函数可根据需要绘制每条线。如果所传参数为 True，就落笔绘制线；如果为 False，那么抬笔不落笔，经过该线的位置，但是不留痕迹。

示例如下：

```
def drawLine(draw):
    if draw:                        #如果为 True，则放下画笔
        turtle.pendown()
    else:
        turtle.penup()              #如果为 False，则抬起画笔
    turtle.fd(40)                   #绘制时钟的每条线的长度为 40 像素
    turtle.right(90)                #每次绘制一段线结束都向右转 90 度
```

2）drawDigit()函数

drawDigit()函数可根据所传的数字参数，绘制数字的七段数码管。示例如下：

```
def drawDigit(digit):
    drawLine(True) if digit in [2,3,4,5,6,8,9] else drawLine(False)
    drawLine(True) if digit in [0,1,3,4,5,6,7,8,9] else drawLine(False)
    drawLine(True) if digit in [0,2,3,5,6,8,9] else drawLine(False)
    drawLine(True) if digit in [0,2,6,8] else drawLine(False)
    turtle.left(90)
    drawLine(True) if digit in [0,4,5,6,8,9] else drawLine(False)
    drawLine(True) if digit in [0,2,3,5,6,7,8,9] else drawLine(False)
    drawLine(True) if digit in [0,1,2,3,4,7,8,9] else drawLine(False)
    turtle.left(180)
    turtle.penup()
    turtle.fd(20)
```

3）drawTime()函数

drawTime()函数可根据传入的时间数字来绘制多个数码管。示例如下：

```
def drawTime(time):
    for i in time:
        drawDigit(eval(i))
```

4）main()函数

main()函数是主函数，是程序的入口。主函数的功能主要有两个：设置绘图窗体大小和画笔粗细；获取系统时间并传给 drawTime()函数。示例如下：

```
def main():
    turtle.setup(800,350,200,200)                    #确定窗体大小
    turtle.penup()                                   #抬起画笔
```

```
        turtle.fd(-300)                                          #后退 300 像素
        turtle.pensize(5)
        currentTime=time.strftime("%H%M%S",time.localtime())    #获取当前系统时间
        drawTime(currentTime)
        turtle.hideturtle()
        turtle.done()
main()                                                          #调用 main 函数
```

运行结果如图 6-5 所示。

图 6-5　运行结果

观察该运行结果，可从以下两方面来优化代码。

（1）添加"时""分""秒"汉字标记，并以颜色区分。

要完成此优化，程序就要能够区分时、分、秒，因此主函数应能在获取当前系统时间格式化时添加不同的区分标记，然后在 drawTime() 函数中根据传入的区分标记来对应添加汉字标记、设置颜色。综上，要修改 drawTime() 函数和 main() 函数。

将 drawTime() 函数修改之后的代码如下：

```
def drawTime(time):
    turtle.pencolor("red")
    for i in time:
        if i=='-':
            turtle.write('时',font=("Arial",18,"normal"))
            turtle.pencolor("green")
            turtle.fd(40)
        elif i=='=':
            turtle.write('分',font=("Arial",18,"normal"))
            turtle.pencolor("blue")
            turtle.fd(40)
        elif i=='+':
            turtle.write('秒',font=("Arial",18,"normal"))
        else:
            drawDigit(eval(i))
```

将 main() 函数修改之后的代码如下：

```
def main():
    turtle.setup(800,350,200,200)
    turtle.penup()
    turtle.fd(-300)
turtle.pensize(5)
#分别用-、=、+作为时、分、秒的区分标识
    currentTime=time.strftime("%H-%M=%S+",time.localtime())
    drawTime(currentTime)
    turtle.hideturtle()
    turtle.done()
```

（2）在七段数码管之间添加间隙。

要完成此优化，则程序在画完一条线之后、画下一条线之前，需要在两条线之间添加间隙，由于此功能需多次使用，因此要将此功能封装成函数。间隙的实现方法：将画笔抬起，向前移动一小段距离。此优化需要用到 drawGap()函数，并在 drawLine()函数中调用。

drawGap()函数的示例如下：

```
def drawGap():
    turtle.penup()
    turtle.fd(5)
```

将 drawLine()函数修改之后的代码如下：

```
def drawLine(draw):
    drawGap()                #调用绘制间隙函数
    if draw:
        turtle.pendown()
    else:
        turtle.penup()
    turtle.fd(40)
    turtle.right(90)
```

调用 main()函数，运行优化后的代码，得到的运行结果如图 6-6 所示。

图 6-6　运行结果

6.8.2 动态显示数字时钟

虽然在 6.8.1 节已经解决了数字时钟的绘制问题，但还不能动态显示时间。要想动态显示数字时钟，就要在获得当前时间的时、分、秒后，分别与上次绘制时间的时、分、秒进行对比，如果发生变化，则将上次绘制的时间擦除，并绘制当前的时间。该部分需要增加擦除函数 reset()、重新绘制时间函数 drawTime2()，还需要修改 main()函数。

1）reset()函数

reset()函数可用于擦除上次时间。擦除的方法：在发生变化的时间起点，将画笔设置为白色，绘制数字"88"。代码如下：

```
def reset(x,y):
    turtle.goto(x,y)
    turtle.pencolor("white")
    drawTime2("88")
    turtle.goto(x,y)
```

2）drawTime2()函数

drawTime2()函数可用于重新绘制当前时间。代码如下：

```
def drawTime2(localtime):
    for i in localtime:
        drawDigit(eval(i))
```

3）main()函数

程序在 main()函数中实现对时、分、秒变化与否的判断，如果发生了变化，就调用擦除函数和重新绘制时间的函数。将 main()函数修改之后的代码如下：

```
def main():
    turtle.setup(800,350,200,200)
    turtle.penup()
    turtle.speed(0)
    turtle.hideturtle()
    turtle.turtle().screen.delay()
    turtle.fd(-300)
    turtle.pensize(5)
    pre_time = time.localtime()
    pre_hours = time.strftime('%H',pre_time)
    pre_minuts = time.strftime('%M',pre_time)
    pre_seconds = time.strftime('%S',pre_time)
    currentTime=time.strftime("%H-%M=%S+",pre_time)
    drawTime(currentTime)
```

```
        turtle.hideturtle()
        while True:
            cur_time = time.localtime()
            cur_hours = time.strftime('%H',cur_time)
            cur_minuts = time.strftime('%M',cur_time)
            cur_seconds = time.strftime('%S',cur_time)
            if pre_hours != cur_hours:
                reset(-300,0)
                turtle.pencolor("red")
                drawTime2(cur_hours)
            if pre_minuts != cur_minuts:
                reset(-130,0)
                turtle.pencolor("green")
                drawTime2(cur_minuts)
            if pre_seconds != cur_seconds:
                reset(40,0)
                turtle.pencolor("blue")
                drawTime2(cur_seconds)
            pre_hours = cur_hours
            pre_minuts = cur_minuts
            pre_seconds = cur_seconds
main()                                    #调用 main 函数
```

本案例的完整代码如下：

```
Case6_19.py
1    """
2        案例：数字时钟动态显示
3        技术：函数、turtle 库、time 库
4        日期：2020-03-30
5    """
6    import turtle
7    import time
8    #画线函数
9    def drawGap():
10       turtle.penup()
11       turtle.fd(5)
12   def drawLine(draw):
13       drawGap()
14       if draw:
```

```
15          turtle.pendown()
16      else:
17          turtle.penup()
18      turtle.fd(40)
19      turtle.right(90)
20
21  def drawDigit(digit):
22      drawLine(True) if digit in [2,3,4,5,6,8,9] else drawLine(False)
23      drawLine(True) if digit in [0,1,3,4,5,6,7,8,9] else drawLine(False)
24      drawLine(True) if digit in [0,2,3,5,6,8,9] else drawLine(False)
25      drawLine(True) if digit in [0,2,6,8] else drawLine(False)
26      turtle.left(90)
27      drawLine(True) if digit in [0,4,5,6,8,9] else drawLine(False)
28      drawLine(True) if digit in [0,2,3,5,6,7,8,9] else drawLine(False)
29      drawLine(True) if digit in [0,1,2,3,4,7,8,9] else drawLine(False)
30      turtle.left(180)
31      turtle.penup()
32      turtle.fd(20)
33  def drawTime(time):
34      turtle.pencolor("red")
35      for i in time:
36          if i=='-':
37              turtle.write('时',font=("Arial",18,"normal"))
38              turtle.pencolor("green")
39              turtle.fd(40)
40          elif i=='=':
41              turtle.write('分',font=("Arial",18,"normal"))
42              turtle.pencolor("blue")
43              turtle.fd(40)
44          elif i=='+':
45              turtle.write('秒',font=("Arial",18,"normal"))
46          else:
47              drawDigit(eval(i))
48
49  def drawTime2(localtime):
50      for i in localtime:
51          drawDigit(eval(i))
52  def reset(x,y):
53      turtle.goto(x,y)
```

```
54        turtle.pencolor("white")
55        drawTime2("88")
56        turtle.goto(x,y)
57    def main():
58        turtle.setup(800,350,200,200)
59        turtle.penup()
60        turtle.speed(0)
61        turtle.hideturtle()
62        turtle.Turtle().getscreen().delay()
63        turtle.fd(-300)
64        turtle.pensize(5)
65        pre_time = time.localtime()
66        pre_hours = time.strftime('%H',pre_time)
67        pre_minuts = time.strftime('%M',pre_time)
68        pre_seconds = time.strftime('%S',pre_time)
69        currentTime=time.strftime("%H-%M=%S+",pre_time)
70        drawTime(currentTime)
71        turtle.hideturtle()
72        while True:
73            cur_time = time.localtime()
74            cur_hours = time.strftime('%H',cur_time)
75            cur_minuts = time.strftime('%M',cur_time)
76            cur_seconds = time.strftime('%S',cur_time)
77            if pre_hours != cur_hours:
78                reset(-300,0)
79                turtle.pencolor("red")
80                drawTime2(cur_hours)
81            if pre_minuts != cur_minuts:
82                reset(-130,0)
83                turtle.pencolor("green")
84                drawTime2(cur_minuts)
85            if pre_seconds != cur_seconds:
86                reset(40,0)
87                turtle.pencolor("blue")
88                drawTime2(cur_seconds)
89            pre_hours = cur_hours
90            pre_minuts = cur_minuts
91            pre_seconds = cur_seconds
92    main()
```

6.9 案例20："贴瓷砖"游戏之四 —— 键盘事件响应函数

在"贴瓷砖"游戏中，通过按方向键来控制"瓷砖"的上、下、左、右移动，通过按【R】键来旋转"瓷砖"。为实现该功能，本节采用键盘事件响应函数的方法；而且，为了便于绘制"瓷砖"，在代码中将 5.7 节实现的绘制瓷砖代码封装为函数。

获取源代码

本案例的完整代码如下：

```
Case6_20.py
1    """
2        案例："贴瓷砖"游戏之四 —— 键盘事件响应函数
3        技术：函数、turtle 库
4        日期：2020-03-30
5    """
6    import turtle
7    unit_length = 100
8    width = 4
9    height = 4
10   origin_x = 0              #由于移动瓷砖需要修改原点坐标，因此使用变量，而不使用元组
11   origin_y = 0
12   rotate = 0                         #旋转次数
13   edge_point_list = []
14   center_point_list = []
15
16   def draw_L():
17       edge_point_list.clear()
18       turtle.reset()                #turtle 清除窗口
19       turtle.penup()
20       turtle.goto(origin_x,origin_y)     #光标移动到原点坐标
21       turtle.right(90*(rotate%4))        #根据旋转次数来计算旋转角度
22       turtle.pendown()
23       turtle.fillcolor("blue")
24       turtle.begin_fill()
25       turtle.forward(100)
26       turtle.right(90)
27       turtle.forward(100)
28       edge_point_list.append(turtle.position())
29       turtle.right(90)
30       turtle.forward(100*2)
31       edge_point_list.append(turtle.position())
```

```
32        turtle.right(90)
33        turtle.forward(100*2)
34        edge_point_list.append(turtle.position())
35        turtle.right(90)
36        turtle.forward(100)
37        turtle.right(90)
38        turtle.forward(100)
39        turtle.end_fill()
40        center_point_list.clear()
41        center_point_list.append(((origin_x+edge_point_list[0][0])*0.5, (origin_y+edge_point_list[0][1])*0.5))
42        center_point_list.append(((origin_x+edge_point_list[1][0])*0.5, (origin_y+edge_point_list[1][1])*0.5))
43        center_point_list.append(((origin_x+edge_point_list[2][0])*0.5, (origin_y+edge_point_list[2][1])*0.5))
44        print(edge_point_list)
45        print(center_point_list)
46
47    def move_up_tiling():
48        global origin_x
49        global origin_y
50        origin_x = origin_x
51        origin_y = origin_y + 1 * unit_length
52        draw_L()
53
54    def move_down_tiling():
55        global origin_x
56        global origin_y
57        origin_x = origin_x
58        origin_y = origin_y - 1 * unit_length
59        draw_L()
60
61    def move_left_tiling():
62        global origin_x
63        global origin_y
64        origin_x = origin_x - 1 * unit_length
65        origin_y = origin_y
66        draw_L()
67
68    def move_right_tiling():
69        global origin_x
70        global origin_y
71        origin_x = origin_x + 1 * unit_length
```

```
72        origin_y = origin_y
73        draw_L()
74
75   def rotate_tiling():
76        global rotate
77        rotate = rotate + 1
78        draw_L()
79
80   turtle.setup((width+5)*unit_length,(height+2)*unit_length)
81   win = turtle.Screen()
82   win.tracer(0)                            #不显示绘制轨迹
83   win.onkey(draw_L,'t')                    #按【T】键绘制瓷砖
84   win.onkey(move_up_tiling,'Up')           #按向上键，向上移动
85   win.onkey(move_down_tiling,'Down')       #按向下键，向下移动
86   win.onkey(move_left_tiling,'Left')       #按向左键，向左移动
87   win.onkey(move_right_tiling,'Right')     #按向右键，向右移动
88   win.onkey(rotate_tiling,'r')             #按【T】键，顺时针旋转90度
89   win.listen()                             #窗口监听
90   win.mainloop()                           #窗口启动事件循环
```

绘制效果如图 6-7 所示，可通过键盘事件来控制瓷砖的位置和旋转角度。

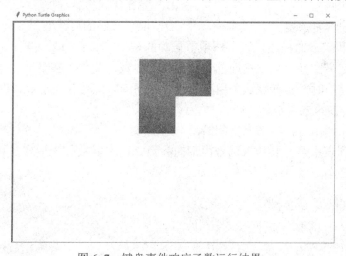

图 6-7　键盘事件响应函数运行结果

6.10　本 章 小 结

　　本章首先介绍了函数的概念、定义和调用函数的方法；其次介绍了函数参数传递的几种方式；然后介绍了变量作用域和两种特殊形式的函数 —— 匿名函数和递归函数，并运用递归函数开发了"绘制分形树"案例；之后介绍了 time 库，并结合该模块开发了"动态数字时钟"案例；最后将"贴瓷砖"游戏进行封装和重构。

习题

一、选择题

1. 关于局部变量和全局变量，以下选项中描述错误的是（　　　　　）。

    A. 局部变量为组合数据类型且未创建，等同于全局变量

    B. 函数运算结束后，局部变量不会被释放

    C. 局部变量是函数内部的占位符，与全局变量可能重名但不同

    D. 局部变量和全局变量是不同的变量，但可以使用 global 保留字在函数内部使用全局变量

2. 使用（　　　　　）关键字创建自定义函数。

    A. function   B. func   C. def   D. procedure

3. 使用（　　　　　）关键字声明匿名函数。

    A. function   B. func   C. def   D. lambda

4. 若当前时间是 2018 年 5 月 1 日 10 点 10 分 9 秒，则下面代码的输出结果是（　　　　　）。

```
import time
print(time.strftime("%Y=%m-%d@%H>%M>%S",time.gmtime()))
```

    A. True@True   B. 2018=5-1@10>10>9

    C. 2018=5-1 10>10>9   D. 2018=05-01@10>10>09

5. 关于函数作用的描述，以下选项中错误的是（　　　　　）。

    A. 复用代码   B. 提高代码执行速度

    C. 降低编程复杂度   D. 增强代码的可读性

6. 关于形参和实参的描述，以下选项中正确的是（　　　　　）。

    A. 函数定义中参数列表里面的参数是实际参数，简称"实参"

    B. 函数调用时，实参默认采用按照位置顺序的方式传递给函数，Python 也提供了按照形参名称输入实参的方式

    C. 程序在调用时，将形参复制给函数的实参

    D. 参数列表中给出要传入函数内部的参数，这类参数称为形式参数，简称"形参"

7. 以下程序的输出结果为（　　　　　）。

```
num_one = 12
def sum(num_two) :
    global num_one
    num_one = 90
    return num_one + num_two
print(sum(10) )
```

    A. 102   B. 100   C. 22   D. 12

二、填空题

1. 函数可以有多个参数，参数之间使用（　　　　　）分隔。

2. 使用（　　　　　）语句可以返回函数值并退出函数。

3. 通过（　　　　　）结束函数，从而选择性地返回一个值给调用方。

4. 在函数里面调用另一个函数，这就是函数（　　　　　）调用。

5. 在函数内部定义的变量称为（　　　　　）变量。

6. 全局变量定义在函数外，可以在（　　　　　）范围内访问。

7. 如果想在函数中修改全局变量，就要在变量的前面加上（　　　　　）关键字。

三、判断题

1. 可以对函数随意命名。（　　　　　）

2. 不带 return 的函数代表返回 None。（　　　　　）

3. 默认情况下，参数值和参数名称是与函数声明定义的顺序匹配的。（　　　　　）

4. 函数定义完成后，系统会自动执行其内部的功能。（　　　　　）

5. 函数体以冒号起始，并且是缩进格式的。（　　　　　）

6. 带有默认值的参数一定位于参数列表的末尾。（　　　　　）

7. 局部变量的作用域是整个程序，任何时候使用都有效。（　　　　　）

8. 匿名函数就是没有名字的函数。（　　　　　）

四、编程题

1. 创建 max 函数，返回从键盘输入的 5 个整数中的最大数。

2. 使用递归函数实现斐波那契数列的计算。

3. 编写函数接收一个时间（小时、分、秒），返回该时间的下一秒。例如：输入"102059"，则表示 10 点 20 分 59 秒，下一秒就是 10 点 21 分 0 秒。

第 7 章

面向对象编程

■ 前面的章节介绍了 Python 的函数式编程思想，然而，随着程序规模越来越大，函数式编程会出现很多问题，面向对象编程应运而生。面向对象编程思想体现了代码的可复用性，使庞大的代码更加利于维护，从而提高程序开发的效率。

■ 本章以一个银行员工类 BankEmployee 实例进行分析，详细介绍面向对象的三大特征——封装性、继承性、多态性，并将"贴瓷砖"游戏以面向对象的编程思想来实现。

7.1 面向对象的编程思想

在前几章中，解决问题的方式是先分析解决这个问题所需的步骤，再用流程控制语句、函数把这些步骤一步一步地实现，这种编程思想称为面向过程编程。面向过程编程符合人们的思考习惯，容易理解，早期的程序就是使用面向过程的编程思想开发的。

随着程序规模不断扩大，人们不断提出新的需求，面向过程编程可扩展性低的问题逐渐凸显，于是产生了面向对象的编程思想。面向对象的编程不再根据解决问题的步骤来设计程序，而是先分析谁参与了问题的解决。这些参与者称为对象，对象之间既相互独立，又相互配合、连接和协调，从而共同完成整个程序要实现的任务和功能。

面向对象的程序设计把计算机程序视为一组对象的集合，而每个对象都可以接收其他对象发过来的消息，并处理这些消息，计算机程序的执行就是一系列消息在各对象之间传递。在 Python 中，所有数据类型都可以视为对象，当然也可以自定义对象，自定义的对象数据类型就是面向对象中的类（Class）的概念。

在面向对象编程中，最重要的两个核心概念就是类和对象。对象是现实生活中具体存在的事物，它可以被看得见、摸得着，比如你现在手里的这本书就是一个对象。与对象相比，类是抽象的，它是对一群具有相同特征和行为的事物的统称。

接下来，举例说明面向过程和面向对象在程序流程上的不同之处。假设要处理学生的成绩表，为了表示一个学生的成绩，面向过程的程序可以用一个字典来表示。示例如下：

```
std1 = { 'name':'xiaoWang','score':98 }
```

```
std2 = { 'name':'xiaoZhang','score':81 }
```

处理学生成绩则可以通过函数实现，如输出学生的成绩。示例如下：

```
def print_score(std):
    print("%s:%s" % (std['name'],std['score']))
```

如果采用面向对象的程序设计思想，则首先思考的不是程序的执行流程，而是 Student 这种数据类型应该被视为一个对象，这个对象拥有 name 和 score 这两个属性。如果要输出一个学生的成绩，则必须先创建这个学生对应的对象，再给对象发一个 print_score 消息，让对象自己把自己的数据输出。给对象发消息实际上就是调用对象对应的关联函数，这称为对象的方法。将以上面向过程的程序改写为面向对象的程序，示例如下：

```
Case7_1.py
class Student(object):
    def __init__(self,name,score):
        self.name = name
        self.score = score
    def print_score(self):
        print("%s：%s" % (self.name,self.score))
std1 = Student("xiaoWang",98)
std2 = Student("xiaoZhang",81)
std1.print_score()
std2.print_score()
```

运行结果如下：

```
xiaoWang: 98
xiaoZhang: 81
```

面向对象的设计思想是从自然界中产生的，因为在自然界中，类和实例的概念是很自然的。类是一种抽象概念，如上面程序中定义的 Student 类，是指学生这个概念；实例则是一个个具体的学生，如 xiaoWang 和 xiaoZhang 是两个具体的学生。所以，面向对象的设计思想是先抽象出类，再根据类创建实例对象。面向对象的抽象程度比函数要高，因为一个类既包含数据，又包含操作数据的方法。

7.2 类 的 封 装

7.2.1 类和对象

面向对象编程的基础是对象，对象是用来描述客观事物的。当使用面向对象的编程思想解决问题时，要对现实中的对象进行分析和归纳，以便找到这些对象与要解决的问题之间的相关性。例如，一家银行里有柜员、大客户经理、经理等角色，他们都是对象，但是他们分别具有各自不同的特征，如他们的职位名称不同、工作职责不同、工作地点不同等。

这些不同的角色对象还具备一些共同的特征，如所有银行员工都有姓名、工号、工资等特征；此外，他们还有一些共同的行为，比如每天上班都要打卡考勤、每个月都从公司领工资等。在面向对象编程中，将这些共同的特征（类的属性）和共同的行为（类的方法）抽象出来，使用类将它们组织到一起。

在 Python 中，使用关键字 class 来定义类。其语法格式如下：

```
class ClassName():
    定义类的属性和方法
```

关键字 class 后面的 ClassName 是类名，类的命名方法通常使用单词首字母大写的驼峰命名法。类名后面是一个()，表示类的继承关系，可以不填写，表示默认继承 object 类。关于继承，7.3 节将对此详细介绍。括号后面接 ":" 号，表示换行，并在新的一行缩进定义类的属性或方法。当然，也可以定义一个没有属性和方法的类，这需要用到关键字 pass。例如，创建一个银行员工类，这个类不包含任何属性或方法。示例如下：

```
class BankEmployee():
    pass
```

创建类之后，就可以使用这个类来创建实例对象。其语法格式如下：

```
变量=类名()
```

在银行员工类的基础上，创建两个银行员工实例对象 employee_a 和 employee_b，然后在控制台输出这两个实例对象的类型。方法如下：

（1）使用 BankEmployee 类创建实例对象。

（2）可以使用 type()方法查看变量的类型。

示例如下：

```
Case7_2.py
class BankEmployee():
    pass
employee_a = BankEmployee()
employee_b = BankEmployee()
print(type(employee_a))
print(type(employee_b))
```

运行结果如下：

```
<class '__main__.BankEmployee'>
<class '__main__.BankEmployee'>
```

从运行结果可以看出，employee_a 和 employee_b 这两个变量的类型都是 BankEmployee，说明这两个变量的类型相同，是由 BankEmployee 类创建的两个实例对象。

7.2.2 实例方法

完成了类的定义之后，就可以给类添加变量和方法了。在 Python 中，类的变量的情况比较复杂，下面先介绍在类中定义方法。

在类中定义方法与定义函数非常类似。实际上，方法和函数起到的功能是一样的，不同之处是函数定义在类外，方法定义在类内。下面介绍最常用的一种方法的定义，即使用即实例方法。顾名思义，实例方法是只有在使用类创建了实例对象之后才能调用的方法，即实例方法不能通过类名直接调用。其语法格式如下：

```
def 方法名(self,方法参数列表):
    方法体
```

从语法上看，类的方法定义比函数定义多了一个参数 self，这在定义实例方法的时候是必需的。也就是说，在类中定义实例方法时，第一个参数必须是 self，这里的 self 代表的含义不是类，而是实例，即通过类创建实例对象后对自身的引用。self 非常重要，在对象内只有通过 self 才能调用其他实例变量或方法。

接下来，在 Case7_2.py 的基础上为 BankEmployee 类添加两个实例方法，实现员工的打卡签到和和领工资两种行为；使用新的 BankEmployee 类创建一个员工对象，并调用他的打卡签到、领工资的方法。

由于员工是真实存在的，所以是一个实例对象，因此这两个方法可以被定义成实例。实现步骤如下：

第 1 步，在 BankEmployee 类中定义打卡签到方法 check_in()，在方法中调用 print()函数，在控制台输出"打卡签到"。

第 2 步，在 BankEmployee 类中定义领工资方法 get_salary()，在方法中调用 print()函数，在控制台输出"领到这个月的工资了"。

第 3 步，使用 BankEmployee 类创建一个银行员工实例对象 employee。

第 4 步，调用 employee 对象的 check_in()方法和 get_salary()方法。

示例如下：

```
Case7_3.py
class BankEmployee():
    def check_in(self):
        print("打卡签到")
    def get_salary(self):
        print("领到这个月的工资了")
employee = BankEmployee()
employee.check_in()
employee.get_salary()
```

运行结果如下：

```
打卡签到
```

领到这个月的工资了

从 Case7_3.py 的代码可以看到，实例对象通过"."来调用它的实例方法。调用实例方法时，不需要给参数 self 赋值，Python 会自动将 self 赋值为当前实例对象，因此只需要在定义方法时定义 self 变量，在调用时则无须考虑它。

7.2.3 构造方法和析构方法

类中有两个特殊的方法，分别是__init__()和__del__()。__init__()方法会在创建实例对象的时候自动调用，__del__()方法会在实例对象被销毁的时候自动调用。因此，__init__()称为构造方法，__del__()称为析构方法。

这两个方法即便在类中没有显式地定义，实际上也是存在的。在开发中，也可以在类中显式地定义构造方法和析构方法。这样就可以在创建实例对象时，在构造方法里添加代码，以完成对象的初始化工作；在对象销毁时，在析构方法里添加一些代码，以释放对象占用的资源。

接下来，在 Case7_3.py 的基础上为 BankEmployee 类添加构造方法和析构方法，在构造方法中向控制台输出"创建实例对象，__init__()被调用"，在析构方法中向控制台输出"实例对象被销毁，__del__()被调用"。

实现方法：

（1）在实例对象创建时，由于添加自定义代码，因此需要在类中定义 __init__()方法。

（2）在实例对象被销毁时，由于添加自定义代码，因此需要在类中定义 __del__()方法。

（3）销毁实例对象使用 del 关键字。

代码如下：

```
Case7_4.py
class BankEmployee():
    def __init__(self):
        print("创建实例对象,__init__()被调用")
    def __del__(self):
        print("实例对象被销毁,__del__()被调用")
    def check_in(self):
        print("打卡签到")
    def get_salary(self):
        print("领到这个月的工资了")
employee = BankEmployee()
del employee
```

运行结果如下：

```
创建实例对象, __init__()被调用
实例对象被销毁, __del__()被调用
```

在 Case7_4.py 中，即便将代码中的"del employee"语句删除，在控制台上也会输出

"实例对象被销毁，__del__()被调用"。这是因为，程序运行结束时，会自动销毁所有实例对象，释放资源。

7.2.4 实例变量

对象的属性是以变量的形式存在的，在类中可以定义的变量类型分为实例变量、类变量。实例变量是最常用的变量类型，其语法格式如下：

> self.变量名=值

通常情况下，实例变量定义在构造方法中，这样实例对象被创建时，实例变量就会被定义、赋值，因而可以在类的任意方法中使用。

由于 Python 中的变量不支持只声明不赋值，所以在定义类的变量时必须为变量赋初值。常用数据类型的初值如表 7-1 所示。

表 7-1　常用数据类型的初值

变量类型	初值
数值类型	value=0
字符串	value=""
列表	value=[]
元组	value=()
字典	value={}

接下来，在 Case7_4.py 的基础上，为 BankEmployee 类添加 3 个实例变量：员工姓名（name）、员工工号（number）、员工工资（salary）。将 name 赋值"许晓楠"，将 number 赋值"a3278"，将 salary 赋值"6000"，然后将员工信息输出到控制台。

实现方法：

（1）为了让实例变量在创建实例对象后一定可用，应在构造方法 __init__()中定义这 3 个变量。

（2）name 是字符串类型，number 是字符串类型，salary 是数值类型，定义变量时要赋予变量合适的初值。

（3）创建实例对象后，完成对实例变量的赋值。

代码如下：

```
Case7_5.py
class BankEmployee():
    def __init__(self):
        self.name = ""
        self.number = ""
        self.salary = ""
    def check_in(self):
        print("打卡签到")
```

```
    def get_salary(self):
        print("领到这个月的工资了")
employee = BankEmployee()
employee.name = "许晓楠"
employee.number = "a3278"
employee.salary = 6000
print("员工信息如下：")
print("员工姓名：%s" % employee.name)
print("员工工号：%s" % employee.number)
print("员工工资：%s" % employee.salary)
```

运行结果如下：

```
员工信息如下：
员工姓名：许晓楠
员工工号：a3278
员工工资：6000
```

在 Case7_5.py 中，因为 3 个实例变量是在 __init__() 方法中创建的，所以在创建实例对象后，就可以对这 3 个变量赋值了。实例变量的引用方法是在实例对象后接 ".变量名"，这样就可以给需要的变量赋值。

注意：在类中使用实例变量时，别忘了变量名前的 "self."。如果在程序中缺少了这部分，那么使用的变量就不是实例变量了，而是方法中的一个局部变量。局部变量的作用域仅限于方法内部，与实例变量的作用域是不同的。

Case7_5.py 的代码是先创建实例对象再进行实例变量赋值，这种写法很烦琐。Python 允许通过给构造方法添加参数的形式将创建实例对象与实例变量赋值结合起来。因此，可通过给 __init__() 构造方法添加参数来实现与 Case7_5.py 相同的效果。

实现方法：

给 __init__() 方法添加 3 个新的参数 —— name、number 和 salary，以达到在 __init__() 方法中给实例变量赋值的目的。

代码如下：

```
Case7_6.py
class BankEmployee():
    def __init__(self,name = "",number = "",salary = 0):
        self.name = name
        self.number = number
        self.salary = salary
    def check_in(self):
        print("打卡签到")
    def get_salary(self):
        print("领到这个月的工资了")
```

```
employee = BankEmployee("许晓楠","a3278",6000)
print("员工信息如下：")
print("员工姓名：%s" % employee.name)
print("员工工号：%s" % employee.number)
print("员工工资：%d" % employee.salary)
```

运行结果如下：

```
员工信息如下：
员工姓名：许晓楠
员工工号：a3278
员工工资：6000
```

从 Case7_6.py 的代码可以看出，创建实例对象实际上就是调用该对象的构造方法，通过给构造方法添加参数，就能够在创建对象时完成初始化操作。对象的方法和函数一样，也支持位置参数、默认参数和不定长参数；在使用类创建实例对象时，也可以使用关键字参数来传递参数。

在前面的示例中，实例变量是在类的构造方法中创建的。实际上，可以在类中任意方法内创建实例变量或使用已经创建的实例变量，通过类中每个方法的第一个参数 self 就能调用实例变量。

接下来，在 Case7_6.py 的基础上，完善打卡和领工资两个实例方法。需求如下：

（1）员工许晓楠打卡时，在控制台输出"工号 a3278，许晓楠打卡签到"。

（2）员工许晓楠领工资时，在控制台输出"领到这个月的工资了，6000 元"。

实现方法如下：

（1）创建员工实例对象，并使用构造方法初始化实例变量，然后调用打卡签到和领工资两个方法。

（2）在实例方法中调用实例变量。注意：要使用参数 self，因为 self 代表当前的实例对象。

代码如下：

```
Case7_7.py
class BankEmployee():
    def __init__(self,name = "",number = "",salary = 0):
        self.name = name
        self. number = number
        self.salary = salary
    def check_in(self):
        print("工号%s，%s 打卡签到" % (self. number,self.name))
    def get_salary(self):
        print("领到这个月的工资了，%d 元" % (self.salary))
employee = BankEmployee("许晓楠","a3278",6000)
employee.check_in()
employee.get_salary()
```

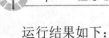

运行结果如下：

工号 a3278，许晓楠打卡签到
领到这个月的工资了，6000 元

在 Python 中不但可以在类中创建实例变量，还可以在类外给已经创建的实例对象动态地添加新的实例变量，但是动态添加的实例变量仅对当前的实例对象有效，其他由相同类创建的实例对象无法使用这个动态添加的实例变量。

接下来，在 Case7_7.py 的基础上创建一个新的员工实例对象，这名员工的姓名是刘志新，员工工号为 a4582，员工工资为 5000。创建这个员工实例对象后，给它动态添加一个实例变量年龄（age），并对其赋值"28"，最后输出员工许晓楠和刘志新的信息。

代码如下：

```
Case7_8.py
class BankEmployee():
    def __init__(self,name = "",number = "",salary = 0):
        self.name = name
        self.number = number
        self.salary = salary
    def check_in(self):
        print("工号%s，%s 打卡签到" % (self.number,self.name))
    def get_salary(self):
        print("领到这个月的工资了，%d 元" % (self.salary))
employee_a = BankEmployee("许晓楠","a3278",6000)
employee_a. salary = 6500
employee_b = BankEmployee("刘志新","a4582",5000)
employee_b.age = 28
print("许晓楠员工信息如下：")
print("员工姓名：%s" % employee_a.name)
print("员工工号：%s" % employee_a.number)
print("员工工资：%d" % employee_a.salary)
print("刘志新员工信息如下：")
print("员工姓名：%s" % employee_b.name)
print("员工工号：%s" % employee_b.number)
print("员工工资：%d" % employee_b.salary)
print("员工年龄：%d" % employee_b.age)
```

运行结果如下：

许晓楠员工信息如下：
员工姓名：许晓楠
员工工号：a3278

员工工资：6500

刘志新员工信息如下：

员工姓名：刘志新

员工工号：a4582

员工工资：5000

员工年龄：28

在类外给实例对象动态添加实例变量时，不使用 self，而使用"实例对象.实例变量名"的方式。这种添加方式是动态的，只针对当前实例对象有效，对其他实例对象无任何影响。

7.2.5　访问限制

在类的内部可以有属性和方法，外部代码可以通过直接调用实例变量的方法来操作数据，这样就能隐藏内部的复杂逻辑。但是，从前面实例中 BankEmployee 类的定义来看，外部代码也可以自由地修改一个实例的属性（name、number、salary）的值。

如果要让内部属性不能被外部访问，则可在属性的名称前加上两个下划线"__"，在 Python 中，如果实例的变量名以"__"开头，就变成了私有变量，只有内部代码可以访问，外部代码则不能访问。所以，将 BankEmployee 类进行修改，代码如下：

```
Case7_9.py
class BankEmployee():
    def __init__(self,name = "",number = "",salary = 0):
        self.__name = name
        self.__number = number
        self.__salary = salary
    def print_info(self):
        print("%s: %s: %s " % (self.__name,self.__number,self.__salary))
employee_a = BankEmployee("许晓楠","a3278",6000)
print("许晓楠员工信息如下：")
employee_a.print_info()
employee_a.salary = 6500
```

运行结果如下：

```
许晓楠员工信息如下：
许晓楠: a3278: 6000
```

代码修改完后，虽然外部代码没什么变动，但是外部代码已经无法访问实例变量 __name、__number 和 __salary 了。这样就确保了外部代码不能随意修改对象内部的状态，从而通过访问限制的保护来使代码更加健壮。

如果外部代码想分别获取 __name、__emp_num 和 __salary 的值，则可以通过给类增加 get_name()和 get_number()和 get_salary()这样的方法来实现。代码修改如下：

```
Case7_10.py
class BankEmployee():
    def __init__(self,name = "",number = "",salary = 0):
        self.__name = name
        self.__number = number
        self.__salary = salary
    def get_name(self):
        return self.__name
    def get_number(self):
        return self.__number
    def get_salary (self):
        return self.__salary
employee_a = BankEmployee("许晓楠","a3278",6000)
print("许晓楠员工信息如下：")
print(employee_a.get_name())
print(employee_a.get_number())
print(employee_a.get_salary())
```

运行结果如下：

```
许晓楠员工信息如下：
许晓楠
a3278
6000
```

如果要允许外部代码修改属性 salary，则可以通过给类增加 set_salary()方法来实现。代码修改如下：

```
def set_salary (self,salary):
    self.__salary = salary
```

读者也许会问，原先那种通过"employee_a.salary = 6500"的语句也可以修改，为什么要定义一个方法？这是因为，在方法中可以对参数做检查，从而避免传入无效的参数。代码修改如下：

```
def set_salary (self,salary):
if 0 <= score <= 10000:
    self.__salary = salary
else:
    raise ValueError('bad salary ')
```

按此方法，可以给类增加 set_name()、set_number()方法，使代码更加完善。

7.2.6 类变量

实例变量是必须在创建实例对象之后才能使用的变量，但在某些情况下，希望能通过类名来直接调用类中的变量或希望所有类能公有某个变量，这时就可以使用类变量。类变量相当于类的一个全局变量，凡是能够使用这个类的代码，都能够访问（或修改）其类变量的值。与实例变量不同，类变量不需要创建实例对象就可以使用。其语法格式如下：

```
class 类名():
    变量名=初始值                    #定义类变量
```

以下创建一个可以记录自身被实例化次数的类，实现方法如下：

（1）类记录自身被实例化的次数要使用类变量，而不能使用实例变量。

（2）创建类时，调用类的 __init__()方法，在这个方法里对用于计数的类变量加 1。

（3）销毁类时，调用类的 __del__()方法，在这个方法里对用于计数的类变量减 1。

代码如下：

```
Case7_11.py
class SelfCountClass():
    obj_count = 0
    def __init__(self):
        SelfCountClass.obj_count += 1
    def __del__(self):
        SelfCountClass.obj_count -= 1
list = []
create_obj_count = 5
destory_obj_count = 2
#创建 create_obj_count 个 SelfCountClass 实例对象
for index in range(create_obj_count):
    obj = SelfCountClass()
    #把创建的实例对象加入列表尾部
    list.append(obj)
print("一共创建了%d 个实例对象" % (SelfCountClass.obj_count))
#销毁 destory_obj_count 个实例对象
for index in range(destory_obj_count):
    #从列表尾部获取实例对象
    obj = list.pop()
    #销毁实例对象
    del obj
print("销毁部分实例对象后，剩余的对象有%d 个" % (SelfCountClass.obj_count))
```

运行结果如下：

一共创建了 5 个实例对象

销毁部分实例对象后，剩余的对象有 3 个

在 Case7_11.py 中，直接使用类名来调用类变量，这个类名对应着一个由 Python 自动创建的对象，这个对象称为类对象，它是一个全局唯一的对象，建议读者使用类对象来调用类变量。虽然 Python 在语法上允许使用实例对象来调用类变量，但这样使用有时会造成困扰。以下面的代码为例进行说明：

```
Case7_12.py
class SelfCountClass():
    obj_count = 1
obj_1 = SelfCountClass()
print("赋值前：")
print("使用实例对象调用 obj_count：",obj_1.obj_count)
print("使用类对象调用 obj_count：",SelfCountClass.obj_count)
obj_1.obj_count = 10
print("赋值后：")
print("使用实例对象调用 obj_count：",obj_1.obj_count)
print("使用类对象调用 obj_count：",SelfCountClass.obj_count)
```

运行结果如下：

```
赋值前：
使用实例对象调用 obj_count：1
使用类对象调用 obj_count：1
赋值后：
使用实例对象调用 obj_count：10
使用类对象调用 obj_count：1
```

在 Case7_12.py 中，给 obj_count 赋值前使用实例对象和类对象调用类变量 obj_count 的值，得到的结果是一样的，这说明实例对象也可以访问类对象。但是，在给 obj_count 赋值"10"后，再分别使用实例对象和类对象调用变量 obj_count 的值，得到的结果是不一样的。使用类对象调用 obj_count 的值仍然是 1，说明类变量的值没有改变；使用实例对象调用 obj_count 的值是 10，也就是赋值后的值，这时输出的是实例对象 obj_1 动态添加的名为 obj_count 的实例变量的值，而不再是期望的类变量的值。因此，建议使用类对象来调用类变量。

对类对象、实例对象、类变量、实例变量这几个概念总结如下：

（1）类对象对应类名，是由 Python 创建的对象，具有唯一性。

（2）实例对象是通过类创建的对象，表示一个独立的个体。

（3）实例变量是实例对象独有的，在构造方法内添加或在创建对象后使用和添加。

（4）类变量是属于类对象的变量，通过类对象可以访问和修改类变量。

（5）类变量名如果以"__"开头，就变成了一个私有变量，对象无法直接访问。

（6）在类中，如果类变量与实例变量不同名，那么也可以使用实例对象访问类变量。

（7）在类中，如果类变量与实例变量同名，那么无法使用实例对象访问类变量。

（8）使用实例对象无法给类变量赋值，这种尝试将创建一个新的与类变量同名的实例变量。

7.3 类的继承

7.3.1 单继承

继承是面向对象编程的三大特性之一，继承可以解决编程中的代码冗余问题，是实现代码重用的重要手段，其体现了软件的可重用性。新类可以在不增加代码的条件下，通过从已有的类中继承其属性和方法来实现相应操作，这种现象（或行为）就称为继承。

在现实生活中，继承一般指的是子女继承父辈的财产。而在程序中，继承描述的是事物之间的从属关系。例如，猫和狗都属于动物，程序中便可以描述为猫和狗继承自动物。同理，波斯猫和加菲猫都继承自猫，而边牧和吉娃娃都继承自狗。它们之间的继承关系如图 7-1 所示。

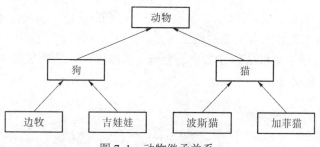

图 7-1　动物继承关系

类的继承是指在一个现有类的基础上构建一个新的类，构建出来的新类称为子类，现有类称为父类，子类会自动拥有父类的属性和方法。

在 Python 中，继承使用的语法格式如下：

```
class 子类名(父类名):
```

假设有一个类为 A，B 类是 A 类的子类，示例如下：

```
class A(object):
class B(A):
```

若在定义类时没有标注出父类，则这个类默认继承自 object。例如，"class Person(object)"和 "class Person" 是等价的。

下面通过一个实例来介绍子类如何继承父类。代码如下：

```
Case7_13.py
#定义一个表示猫的类
class Cat(object):
    def __init__(self,color="白色"):
        self.color = color
```

```
        def run(self):
            print("---跑---")
#定义一个猫的子类：波斯猫
class PersianCat(Cat):
    pass
cat = PersianCat("黑色")
cat.run()
print(cat.color)
```

在 Case7_13.py 中，定义了一个 Cat 类，该类中有 color 属性和 run()方法；然后定义了一个继承自 Cat 类的子类 PersianCat，其内部没有添加任何属性和方法。该程序通过构造方法来创建一个 PersianCat 类对象，调用该对象的 run()方法，并输出 color 属性的值。

运行结果如下：

```
---跑---
黑色
```

从运行结果可以看出，子类继承了父类的 color 属性和 run()方法，且在创建 PersianCat 类实例的时候，使用的是继承自父类的构造方法。

注意：父类的私有属性和私有方法是不会被子类继承的，更不能被子类访问。下面通过一个实例来介绍，代码如下：

```
Case7_14.py
1    #定义一个动物类
2    class Animal(object):
3        def __init__(self,color="白色"):
4            self.__color = color
5        def __test(self):
6            print(self.__color)
7        def test(self):
8            print(self.__color)
9    #定义一个动物的子类：狗
10   class Dog(Animal):
11       def dogTest1(self):
12           print(self.__color)          #访问父类的私有属性
13       def dogTest2(self):
14           self.__test()                #访问父类的私有方法
15           self.test()                  #访问父类的公有方法
16   dog = Dog("深棕色")
17   dog.dogTest1()
18   dog.dogTest2()
```

在 Case7_14.py 中，定义了一个 Animal 类，该类有私有属性 __color、私有方法 __test()和公有方法 test()，然后定义了一个继承自 Anima l 类的子类 Dog，该类中有两个用于测试的方法 dogTest1 和 dogTest2。其中，dogTest1 方法中访问了父类中的私有属性__color，dogTest2 方法中调用了父类的私有方法__test()和公有方法 test()。创建一个 Dog 类对象，分别调用 dogTest1 和 dogTest2 方法。

运行后，出现如下异常信息：

```
Traceback (most recent call last):
    File "D:/PycharmCode/Chapter7/Case7_14.py",line 17,in <module>
        dog.dogTest1()
    File "D:/PycharmCode/Chapter7/Case7_14.py",line 12,in dogTest1
        print(self.__color)        #访问父类的私有属性
AttributeError: 'Dog' object has no attribute '_Dog__color'
```

从上述信息可以看出，子类没有继承父类的私有属性，而且不能访问父类的私有属性。将第 17 行代码注释，即代码修改如下：

```
# dog.dogTest1()
```

然后运行程序，出现如下错误信息：

```
Traceback (most recent call last):
    File "D:/PycharmCode/Chapter7/Case7_14.py",line 18,in <module>
        dog.dogTest2()
    File "D:/PycharmCode/Chapter7/Case7_14.py",line 14,in dogTest2
        self.__test()              #访问父类的私有方法
AttributeError: 'Dog' object has no attribute '_Dog__test'
```

从上述信息可以看出，子类没有继承父类的私有方法，而且不能访问父类的私有方法。一般情况下，私有的属性和方法都是不对外公布的，只能用来做其内部的事情。实际上，Python 在运行的时候，会对类里面私有属性的名称进行修改，即在私有属性名称的前面加上了前缀"_类名"，如将 Animal 类的"__color"改为"_Animal__color"，使得类对象无法通过原有的名称访问私有属性。

下面在银行员工类的基础上，根据职位创建银行员工类的 2 个子类 —— 柜员类、经理类。代码如下：

```
Case7_15.py
class BankEmployee():
    def __init__(self,name = "",number = "",salary = 0):
        self.__name = name
        self.__number = number
        self.__salary = salary
    def get_name(self):
        return self.__name
    def get_number(self):
```

```
            return self.__number
        def get_salary(self):
            print("领到这个月的工资了，%d 元" % (self.__salary))
        def check_in(self):
            print("工号%s，%s 打卡签到" % (self.__number,self.__name))
#柜员类
class BankTeller(BankEmployee):
    pass
#经理类
class BankManager(BankEmployee):
    pass
bank_teller = BankTeller("王刚","a9678",6000)
bank_teller.check_in()
bank_teller.get_salary()
bank_manager = BankManager("李明","a0008",10000)
bank_teller.check_in()
bank_teller.get_salary()
```

运行结果如下：

```
工号 a9678，王刚打卡签到
领到这个月的工资了，6000 元
工号 a0008，李明打卡签到
领到这个月的工资了，10000 元
```

在以上代码中，子类都没有创建自己的 __init__()构造方法。当一个类继承了另一个类，如果子类没有定义 __init__()方法，就会自动继承父类的 __init__()方法。如果子类中定义了自己的构造方法，那么父类的构造方法就不会被自动调用。

在 Case7_15.py 的基础上，给 BankTeller 类添加 __init__()构造方法，代码如下：

```
#柜员类
class BankTeller(BankEmployee):
    def __init__(self,name = "",number = "",salary = 0):
        pass
```

运行结果如下：

```
AttributeError: 'Bank Teller'object has no attribute'number'
```

以上代码给子类 BankTeller 添加了构造方法，运行结果是程序出错。出错的原因是 number 等实例变量是在父类 BankEmployee 的构造方法中创建的，赋值也是在其中完成的，而父类的构造方法没有被调用，所以运行时发生了错误。

解决办法：在子类中调用父类的构造方法。实现的方式是使用 super()显式调用父类的构造方法。增加的代码如下：

```
#柜员类
class BankTeller(BankEmployee):
    def __init__(self,name = "",number = "",salary = 0):
        super().__init__(name,number,salary)
#经理类
class BankManager(BankEmployee):
    def __init__(self,name = "",number = "",salary = 0):
        super().__init__(name,number,salary)
```

读者在使用中要注意 Python 类继承的这种语法特性，否则代码运行就会出错。

子类能够继承父类的变量和方法，作为父类的扩展，子类中还可以定义属于自己的变量和方法。例如，经理除了有员工共有的特征和行为外，银行给经理配备了指定品牌的公务车，经理可以在需要的时候使用。实现方法如下：

（1）给经理配备的公务车品牌需要用一个实例变量 official_car_brand 来保存。

（2）经理使用公务车是一种行为，需要定义一个方法 use_official_car()。

关键代码如下：

```
Case7_16.py
......              # 省略父类代码
#经理类
class BankManager(BankEmployee):
    def __init__(self,name = "",number = "",salary = 0):
        super().__init__(name,number,salary)
        self.official_car_brand = ""
    def use_official_car(self):
        print("使用%s 牌的公务车出行" % (self.official_car_brand))
bank_manager = BankManager("李明","a0008",10000)
bank_manager.official_car_brand = "奔驰"
bank_manager.use_official_car()
```

输出结果：

```
使用奔驰牌的公务车出行
```

7.3.2 多继承

继承能够解决代码重用的问题，但在有些情况下只继承一个父类还无法解决所有的应用场景。例如，一个银行总经理兼任公司董事，此时总经理这个岗位就具备了经理和董事两个岗位的职责，但是这两个岗位是平行的概念，无法通过继承一个父类来表现。在 Python 中，使用多继承来解决这样的问题，如图 7-2 所示。对应于多继承，前面学习的一个类只有一个父类的情况称为单继承。

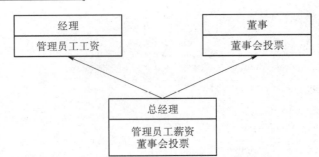

图 7-2　银行总经理继承关系

多继承的语法如下:

```
class 子类类名(父类 1,父类 2):
    #定义子类的变量和方法
```

在银行中经理可以管理员工的薪资,董事可以在董事会上投票来决定公司的发展策略,总经理是经理的同时还是董事。以下使用多继承来实现这 3 个类。

实现方法:

(1)经理作为一个独立的岗位,创建一个父类,这个类有一个方法 manage_salary(),实现管理员工薪资的功能。

(2)董事作为一个独立的岗位,创建一个父类,这个类有一个方法 vote(),实现在董事会投票的功能。

(3)总经理是经理和董事两个岗位的结合体,同时具备这两个岗位的功能,因此总经理类作为子类,同时继承经理类和董事类。

代码如下:

```
Case7_17.py
class BankManager():
    def __init__(self):
        print("BankManager init")
    def manage_salary(self):
        print("管理员工薪资")
class BankDirector():
    def vote(self):
        print("董事会投票")
    def __init__(self):
        print("BankDirector init")
class GeneralManager(BankManager,BankDirector):
    pass
gm = GeneralManager()
gm.manage_salary()
gm.vote()
```

运行结果如下:

BankManager init
管理员工薪资
董事会投票

总经理类 GeneralManager 同时继承了经理类 BankManager 和董事类 BankDirector，也就能够同时使用在经理类和董事类中定义的方法。

在学习单继承时，如果子类没有显式地定义构造方法，就会默认调用父类的构造方法。在多继承的情况下，子类有多个父类，是不是默认情况下所有父类的构造方法都会被调用呢？从以上实例可以看出，不是这样的，只有继承列表中的第一个父类的构造方法被调用了。如果子类继承了多个父类且没有自己的构造方法，则子类会按照继承列表中父类的顺序，找到第一个定义了构造方法的父类，并继承它的构造方法。

7.4 类 的 多 态

前面已经介绍了封装和继承，面向对象编程的三大特性的最后一个特性是多态。多态通常的含义是指事物能够呈现出多种不同的形式或形态。在编程术语中，它的意思是一个变量可以引用不同类型的对象，并且能自动调用被引用对象的方法，从而根据不同的对象类型来响应不同的操作，继承和方法重写是实现多态的技术基础。

方法重写是当子类从父类中继承的方法不能满足子类的需求时，在子类中对父类的同名方法进行重写（即方法覆盖），以满足需求。例如，在代码中定义狗类 Dog，它有一个方法 work()代表其工作，狗的工作内容是"正在受训"。因此，创建一个继承狗类的军犬类 ArmyDog，军犬的工作内容是"追击敌人"。代码如下：

```python
Case7_18.py
class Dog(object):
    def work(self):
        print("正在受训")
class ArmyDog(Dog):
    def work(self):
        print("追击敌人")
dog = Dog()
dog.work()
army_dog = ArmyDog()
army_dog.work()
```

运行结果如下：

正在受训
追击敌人

上例中的 Dog 类有 work()方法，在其子类 ArmyDog 中，根据需求对从父类继承的 work()方法进行了重新编写，这种方式就是方法重写。虽然都是调用相同名称的方法，但是因为对象类型不同，从而产生了不同的结果。

接下来，介绍如何实现多态。

在上例的基础上，添加以下 3 个新类：

（1）未受训的狗类 UntrainedDog，其继承 Dog 类，不重写父类的方法。

（2）缉毒犬类 DrugDog，其继承 Dog 类，重写 work()方法，工作内容是"搜寻毒品"。

（3）人类 Person，其有一个方法 work_with_dog()，根据与其合作的狗的种类不同，完成不同的工作。

代码如下：

```
Case7_19.py
class Dog(object):
    def work(self):
        print("正在受训")
class UntrainedDog(Dog):
    pass
class ArmyDog(Dog):
    def work(self):
        print("追击敌人")
class DrugDog(Dog):
    def work(self):
        print("搜寻毒品")
class Person(object):
    def work_with_dog(self,dog):
        dog.work()
p = Person()
p.work_with_dog(UntrainedDog())
p.work_with_dog(ArmyDog())
p.work_with_dog(DrugDog())
```

运行结果如下：

```
正在受训
追击敌人
搜寻毒品
```

Person 实例对象调用 work_with_dog()方法，根据传入的对象类型不同产生不同的执行效果。对于 ArmyDog 类和 DrugDog 类，因为重写了 work()方法，所以在 work_with_dog()方法中调用 dog.work()时会调用它们各自的 work()方法。但是对于 UntrainedDog 类，由于没有重写 work()方法，因此在 work_with_dog()方法中就会调用其父类 Dog 的 work()方法。

通过上面的实例不难发现，类的多态具有以下优势：

（1）可替换性：多态对已存在的代码具有可替换性。

（2）可扩充性：多态对代码具有可扩充性。增加新的子类并不影响已存在类的多态性和继承性，以及其他特性的运行和操作。实际上，新增子类更容易获得多态功能。

（3）接口性：多态是父类向子类提供的一个共同接口，由子类具体实现。

（4）灵活性：多态在应用中体现了灵活多样的操作，提高了使用效率。

（5）简化性：多态简化了应用软件的代码编写和修改过程，尤其是在处理大量对象的运算和操作时，这个特点尤为突出和重要。

7.5 案例 21：“贴瓷砖”游戏之五 —— 面向对象的实现

本节是“贴瓷砖”游戏的最后一部分。在前面章节中，使用各章的知识点逐个剖析了该程序的各个关键点，本节将使用面向对象的思想，对前面的代码进行整合，形成一套完整的“贴瓷砖”游戏。

获取源代码

1. 类的设计

在“贴瓷砖”游戏中，可以抽象出两个对象，即画布和瓷砖。画布包括了网格绘制、响应键盘事件、绘制多个瓷砖等功能，将其定义为 Canvas 类。Canvas 类的类图如图 7-3 所示。

瓷砖包括了 L 形瓷砖和点状瓷砖两种，由于这两种瓷砖具有很多相同属性和方法，如单元宽度、绘制函数、判断重叠函数等，因此先定义父类 Tile，再定义子类 Tile_L 和 Tile_DOT。Tile 类、Tile_L 类和 Tile_DOT 类的类图如图 7-4 所示。

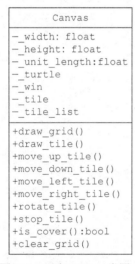

图 7-3　画布 Canvas 类图

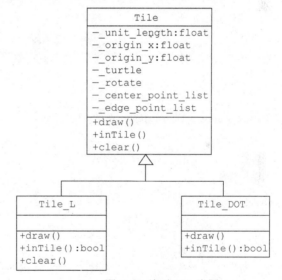

图 7-4　瓷砖 Tile 类图

2. 多个瓷砖的绘制

前文中的程序都是在整个画布中只有一个 turtle，但是为了分别控制每块瓷砖的移动、旋转、变色等，就需要给每块瓷砖定义一个 turtle。当前活动的瓷砖为蓝色，非活动瓷砖为绿色。

3. 所有键盘事件响应

为了完善整个游戏，除了前文提到的【T】键、【R】键、方向键外，还需要对【S】键和【C】键进行响应。按【S】键时，活动瓷砖变为非活动瓷砖；按【C】键时，清除画布中的所有 L 形瓷砖，即重新开始贴瓷砖。

4. 重叠判断

为实现瓷砖重叠判断，在计算每块瓷砖的单元中心点后，还需要给每类瓷砖实现判断该点是否在该瓷砖范围内的函数。

案例 21 共有 261 行代码，受篇幅所限，下面只给出主要类的部分源代码，案例完整代码请扫描二维码下载。

```
Case7_20.py
1      """
2          案例："贴瓷砖"游戏之五 —— 面向对象的实现
3          技术：类的抽象、继承
4          日期：2020-03-30
5      """
6      import turtle
7      import random
8      #画布 Canvas 类
9      class Canvas:
10         def __init__(self,width,height,unit_length,win):...
27         def draw_grid(self):...
69         def draw_tile(self):...
80         def move_up_tile(self):...
87         def move_down_tile(self):...
94         def move_left_tile(self):...
101        def move_right_tile(self):...
108        def rotate_tile(self):...
114        def stop_tile(self):...
125        def is_cover(self,p_tile):...
133        def clear_grid(self):...
141
142    #瓷砖 Tile 类
143    class Tile:
144        def __init__(self,unit_length,origin_x,origin_y):...
154        #画出瓷砖
155        def draw(self,p_color):
156            pass
158        #判断某点是否在本瓷砖范围内
159        def inTile(self,pos_x,pos_y):
160            pass
162        #清除本瓷砖的 turtle
163        def clear(self):
164            pass
```

```
165
166  #L 形瓷砖类为瓷砖 Tile 类的子类
167  class Tile_L(Tile):...
168      def draw(self,p_color):...
198      def inTile(self,pos_x,pos_y):...
209      def clear(self):...
211
212  #点状瓷砖类为瓷砖 Tile 类的子类
213  class Tile_DOT(Tile):
214      def draw(self,p_color):...
239      def inTile(self,pos_x,pos_y):...
245
246  #定义 main 函数
247  def main():
248      width = 4
249      height = 4
250      unit_length = 100
251      turtle.setup((width+8)*unit_length,(height+2)*unit_length)
252      win = turtle.Screen()
253      turtle.tracer(False)
254      board = Canvas(width,height,unit_length,win)
255      board.draw_grid()
256      win.listen()
257      win.mainloop()
258
259  #执行 main 函数
260  if __name__ == '__main__':
261      main()
```

运行结果如图 7-5 所示。

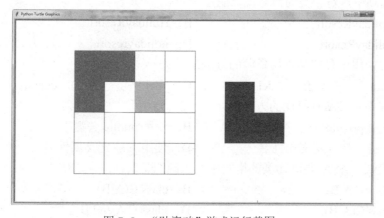

图 7-5 "贴瓷砖"游戏运行截图

7.6 本章小结

本章介绍了面向对象的编程思想，其实质是对客观事物的抽象，类是实现面向对象编程的基础。面向对象的三大特性分别是封装性、继承性和多态性，在类中可以定义实例变量、类变量，它们有不同的适用场景和使用方法，在编程时要小心同名实例变量覆盖类变量的情况。继承能够提高代码的可重用性，Python 的继承分为单继承和多继承。多态是基于继承和重写两种技术实现的，可提高代码的灵活性和可扩展性。

● 习 题

一、选择题

1. 关于面向过程和面向对象，下列说法错误的是（　　　　）。
    A. 面向过程和面向对象都是解决问题的一种思路
    B. 面向过程是基于面向对象的
    C. 面向过程强调的是解决问题的步骤
    D. 面向对象强调的是解决问题的对象

2. 关于类和对象的关系，下列描述正确的是（　　　　）。
    A. 类是面向对象的核心
    B. 类是现实中事物的个体
    C. 对象是根据类创建的，并且一个类只能对应一个对象
    D. 对象描述的是现实的个体，它是类的实例

3. 构造方法的作用是（　　　　）。
    A. 一般成员方法　　　　　　　　　　B. 类的初始化
    C. 对象的初始化　　　　　　　　　　D. 对象的建立

4. 构造方法是类的一个特殊方法，Python 中它的名称为（　　　　）。
    A. 与类同名　　　B. _construct　　　C. __init__　　　D. init

5. Python 类中包含一个特殊的变量（　　　），它可以访问类的成员。
    A. self　　　　　B. me　　　　　　C. this　　　　　D. 与类同名

6. 下列选项中，符合类的命名规范的是（　　　　）。
    A. HolidayResort　　　　　　　　　　B. HolidayResort
    C. holidayResort　　　　　　　　　　D. holidayresort

7. Python 中用于释放类占用资源的方法是（　　　　）。
    A. _init_　　　　　B. __del__　　　　C. _del　　　　　D. delete

8. Python 中定义私有属性的方法是（　　　）。
    A. 使用 private 关键字　　　　　　　B. 使用 public 关键字
    C. 使用__××__定义属性名　　　　　D. 使用__××定义属性名

9. 以下 C 类继承 A 类和 B 类的格式中，正确的是（　　　　）。
    A. class C A,B:　　　　　　　　　　B. class C(A:B):
    C. class C(A,B):　　　　　　　　　　D. class C A and B:

10. 下列选项中，与 class Person 等价的是（   ）。

    A．class Person(Object)   B．class Person(Animal)

    C．class Person(object)   D．class Person:object

11. 下列关于类属性和实例属性的说法中，描述正确的是（   ）。

    A．类属性既可以显式定义，又能在方法中定义

    B．公有类属性可以通过类和类的实例访问

    C．通过类可以获取实例属性的值

    D．类的实例只能获取实例属性的值

二、填空题

1. 在 Python 中，可以使用（   ）关键字来声明一个类。

2. 面向对象需要把问题划分为多个独立的（   ），然后调用其方法解决问题。

3. 类的方法中必须有一个（   ）参数，位于参数列表的开头。

4. Python 提供了名称为（   ）的构造方法，实现让类的对象完成初始化。

5. 如果想修改属性的默认值，可以在构造方法中使用（   ）设置。

6. 如果属性名的前面加了两个（   ），就表明它是私有属性。

7. 在现有类基础上构建新类，新的类称作子类，现有的类称作（   ）。

8. 父类的（   ）属性和方法是不能被子类继承的，更不能被子类访问。

9. Python 语言既支持单继承，也支持（   ）继承。

10. 子类想按照自己的方式实现方法，需要（   ）从父类继承的方法。

11. 子类通过（   ）可以成功地访问父类的成员。

12. 位于类内部、方法外部的方法是（   ）方法。

三、判断题

1. 面向对象是基于面向过程的。（   ）

2. 通过类可以创建对象，有且只有一个对象实例。（   ）

3. 创建类的对象时，系统会自动调用构造方法进行初始化。（   ）

4. 创建完对象后，其属性的初始值是固定的，外界无法进行修改。（   ）

5. 使用 del 语句删除对象，可以手动释放它所占用的资源。（   ）

6. Python 中没有任何关键字区分公有属性和私有属性。（   ）

7. 继承会在原有类的基础上产生新的类，这个新类就是父类。（   ）

8. 带有两个下划线的方法一定是私有方法。（   ）

9. 子类能继承父类的一切属性和方法。（   ）

10. 子类通过重写继承的方法，覆盖与父类同名的方法。（   ）

11. 如果类属性和实例属性重名，则对象优先访问类属性的值。（   ）

12. 使用类名获取到的值一定是类属性的值。（   ）

四、编程题

1. 设计一个圆类 Circle，该类中包括圆心位置、半径、颜色等属性，还包括构造方法和计算圆的周长、面积的方法。设计完成后，请测试类的功能。

2. 设计一个课程类，该类中包括课程编号、课程名称、任课教师、上课地点等属性，还包括构造方法和显示课程信息的方法。其中，表示上课地点的属性是私有的。设计完成后，请测试类的功能。

3．设计一个表示学生的类 Student，该类的属性包括 name（姓名）、age（年龄）、scores（成绩，包含语文、数学和英语三科成绩，每科成绩的类型为整数），此外该类还有以下 3 个方法：

（1）获取学生姓名的方法 get_name()，返回类型为 str。

（2）获取学生年龄的方法 get_age()，返回类型为 int。

（3）返回 3 门科目中最高的分数 get_course()，返回类型为 int。

4．设计一个表示动物的类 Animal，其内部有一个 color（颜色）属性和 call（叫）方法；再设计一个 Fish（鱼）类，该类中有 tail（尾巴）属性和 color（颜色）属性，以及一个 call（叫）方法。让 Fish 类继承自 Animal 类，重写 init 和 call 方法。

<<<<<<

第 8 章

文件和数据格式化

■ 程序设计时，经常对计算机中的文件进行相关操作。文件是以硬盘等介质为载体的数据的集合，包括文本文件、图像、程序和音频等。本章将介绍文本文件和二进制文件的区别，以及文件的相关操作方法。

■ 为了便于管理和规范使用，在将数据存储到文件时，需要对其格式化。本章将介绍一维、二维数据的格式化和处理，并以相关案例对数据存储模块 csv 库、数据交换模块 json 库和图像处理模块 PIL 库的相关操作进行详细介绍。

8.1 文 件 简 介

1. 文件标识

一个文件需要有唯一确定的文件标识，以便用户根据标识来找到唯一确定的文件。文件标识包含 3 部分，分别为文件路径、文件名主干、文件扩展名。Windows 操作系统下一个完整的文件标识如图 8-1 所示。

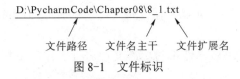

图 8-1 文件标识

操作系统以文件为单位对数据进行管理，若想找到存放在外部介质的数据，就必须先按照文件标识找到指定的文件，再从文件中读取数据。

根据图 8-1 所示的文件标识，可以找到 Windows 操作系统的 D:\PycharmCode\Chapter08 路径下文件名为 8_1、扩展名为.txt 的文本文件。

2. 文件类型

按照编码方式的不同，计算机中的文件分为文本文件、二进制文件。文本文件以文本形式编码（如 ASCII 码、Unicode 码、UTF-8 等）存储在计算机中，以"行"为基本结构组织和存储数据；二进制文件以二进制形式编码存储在计算机中，人类难以直接理解这种文件中存储的信息，通常用相应的软件打开文件，对其进行编码转换后查看相关信息。二进制文件一般是可执行程序、图像、声音、视频等。

计算机在物理层面上以二进制形式存储数据，所以文本文件与二进制文件的区别不在于物理上的存储方式，而是逻辑上数据的组织方式。

以文本文件中的 ASCII 文件为例，该文件中一个字符占用 1 字节，存储单元中存放单个字符对应的 ASCII 码。假设当前需要存储一个整型数据 123456，该数据在磁盘上存放的形式如图 8-2 所示。

00110001	00110010	00110011	00110100	00110101	00110110
'1'（49）	'2'（50）	'3'（51）	'4'（52）	'5'（53）	'6'（54）

图 8-2　文本文件的存放形式

注：括号内数字为该二进制码对应的十进制数

由图 8-2 可知，文本文件中的每个字符都要占用 1 字节存储空间，并且在存储时需要进行二进制和 ASCII 码之间的转换，因此使用这种方式既消耗空间又浪费时间。

若使用二进制文件存储整数 123456，则该数据首先被转换为二进制数 11110001001000000，此时该数据在磁盘上存放的形式如图 8-3 所示。

00000000	00000001	11100010	01000000

123456

图 8-3　二进制文件的存放形式

对比图 8-2 和图 8-3 可以发现，使用二进制文件存放整数 123456 时，只需要 4 字节存储空间，并且不需要进行转换，既节省时间又节省空间。

3. 标准文件

Python 的 sys 模块中定义了 3 个标准文件，分别为 stdin（标准输入文件）、stdout（标准输出文件）和 stderr（标准错误文件）。标准输入文件对应输入设备，如键盘；标准输出文件和标准错误文件对应输出设备，如显示器。每个终端都有其对应的标准文件，这些文件在终端启动时打开。

在解释器中导入 sys 模块后，便可对标准文件进行操作。以标准输出文件为例，执行写入操作的示例如下：

```
>>>import sys
>>>file = sys.stdout
>>>file.write("Hello World")        # 向标准输出文件写入 Hello World
>>>Hello World11
```

以上代码将标准输出文件赋给文件对象 file，然后通过文件对象 file 调用内置方法 write()来向标准输出文件写数据。观察代码执行结果，"Hello World"被成功写到了标准输出中，在

"Hello World"之后的"11"表示本次写到标准输出中的数据的字符个数为11个。

4. 流

流是指在键盘、内存、显示器等不同的输入/输出设备之间进行传递的数据的抽象。例如，调用 input()函数时，会有数据经过键盘流入存储器；调用 print()函数时，会有数据从存储器流向显示器。流实际上就是字节序列，输入函数的字节序列称为输入流，输出函数的字节序列称为输出流。流如同流动在管道中的水，抽象的输入流和输出流如图 8-4 所示。

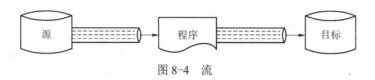

图 8-4 流

根据数据形式，输入/输出流可以被细分为文本流和二进制流。文本流和二进制流之间的主要差异是：文本流中输入输出的数据是字符或字符串，可以被修改；二进制流中输入输出的数据是一系列字节，不能以任何方式修改。

5. 不同类型文件的区别

为了说明二进制文件和文本文件编码的不同方式，接下来，用文本编辑器生成一个包含"人生苦短，我用 Python！"的 txt 格式文本文件，命名为 8_1.txt，分别用文本文件方式和二进制文件方式读取，并输出结果。代码如下：

```
Case8_1.py
# rt 表示以只读方式打开文本文件
textFile = open("8_1.txt","rt",encoding='utf-8')
print(textFile.readline())
textFile.close()
binFile = open("8_1.txt","rb")              # b 表示二进制文件方式
print(binFile.readline ())
binFile.close()
```

运行结果如下：

```
人生苦短，我用 Python！
b'\xef\xbb\xbf\xe4\xba\xba\xe7\x94\x9f\xe8\x8b\xa6\xe7\x9f\xad\xef\xbc\x8c\xe6\x88\x91\xe7\x94\xa8
Python\xef\xbc\x81'
```

8.2 文件的使用

文件的使用包括文件的打开、关闭、读写和目录的创建、删除与重命名等，可通过 Python 的内置方法和 os 模块中定义的方法来操作文件。

文件的常用方法和属性如表 8-1、表 8-2 所示。

表 8-1　文件的常用方法

名称	功能
file.open()	打开文件
file.close()	关闭文件。关闭后，文件不能再进行读写操作
file.flush()	刷新文件内部缓冲，直接把内部缓冲区的数据立刻写入文件，而不是被动地等待输出缓冲区写入
file.fileno()	返回一个整型的文件描述符，可以用在如 os 模块的 read 方法等底层操作上
file.isatty()	如果文件连接到一个终端设备，就返回 True；否则返回 False
file.next()	返回文件下一行
file.read([size])	从文件读取指定的字节数；如果未给定（或为负），则读取所有
file.readline([size])	读取整行，包括 "\n" 字符
file.readlines([sizeint])	读取所有行并返回列表，若给定的 sizeint 大于 0，则设置一次读多少字节，这是为了减轻读取压力
file.seek(offset[,whence])	设置文件当前位置
file.tell()	返回文件当前位置
file.truncate([size])	截取文件，截取的字节通过 size 指定，默认为当前文件位置
file.write(str)	将字符串写入文件，返回的是写入的字符长度
file.writelines(sequence)	向文件写入一个序列字符串列表，如果需要换行，则要自己加入每行的换行符

表 8-2　文件的常用属性

名称	功能
mode	获取文件对象的打开模式
name	获取文件对象的文件名
encoding	获取文件使用的编码格式
closed	若文件已关闭，则返回 True；否则返回 False

8.2.1　文件的打开和关闭

Python 可通过内置的 open()方法打开文件，该函数的声明如下：

```
open(file,mode='r',buffering=-1)
```

下面先对 open()方法的参数进行说明：

（1）参数 file 表示文件的路径。

（2）参数 mode 用于设置文件的打开模式，该参数的取值有 r、w、a、b、+。这些字符各自代表的含义如下：

r：以只读方式打开文件（mode 参数的默认值）。

w：以只写方式打开文件。

a：以追加方式打开文件。

b：以二进制形式打开文件。

+：以更新的方式打开文件（可读可写）。

需要说明的是，这些设置文件打开模式的字符可以搭配使用，文件的常用打开模式如表 8-3 所示。

表 8-3　文件的常用打开模式

打开模式	含义	说明
r/rb	只读模式	以只读的形式打开文本文件/二进制文件。如果文件不存在或无法找到，则 open()方法调用失败
w/wb	只写模式	以只写的形式打开文本文件/二进制文件。如果文件已存在，则清空文件；如果文件不存在，则创建文件
a/ab	追加模式	以只写的形式打开文本文件/二进制文件，只允许在该文件末尾追加数据。如果文件不存在，则创建新文件
r+/rb+	读取（更新）模式	以读/写的形式打开文本文件/二进制文件。如果文件不存在，则 open()方法调用失败
w+/wb+	写入（更新）模式	以读/写的形式创建文本文件/二进制文件。如果文件已存在，则清空文件
a+/ab+	追加（更新）模式	以读/写的形式打开文本文件/二进制文件，但只允许在文件末尾添加数据。若文件不存在，则创建新文件

（3）参数 buffering 可用来设置访问文件的缓冲方式。若 buffering 设置为 0，则表示采用非缓冲方式；若设置为 1，则表示每次缓冲一行数据；若设置为大于 1 的值，则表示使用给定值作为缓冲区的大小；若参数 buffering 缺省（或被设置为负值），则表示使用默认缓冲机制（由设备类型决定）。

如果使用 open()方法成功打开文件，就会返回一个文件流；如果待打开的文件不存在，则 open()方法抛出 IOError，设置错误码 Errno 并输出错误信息。

下面使用 open()方法打开文件，并将文件流赋给文件对象。示例如下：

```
file1 = open('a.txt')              #以只读方式打开文本文件 a.txt
file2= open('b.txt','w')           #以只写方式打开文本文件 b.txt
file3= open('c.txt',w+)            #以读/写方式打开文本文件 c.txt
file4 = open('d.txt','wb+')        #以读/写方式打开二进制文件 d.txt
```

假设打开文件 a.txt 时，该文件尚未被创建，则产生以下错误信息：

```
Traceback (most recent call last):
File"<stdin>",line 1,in module>
FileNotFoundError: [Errno 2] No such file or directory: 'a.txt'
```

Python 可通过 close()方法关闭文件。以使用 close()方法关闭打开的文件 file1 为例，操作如下：

```
file1.close()
```

程序执行完毕后，系统会自动关闭由该程序打开的文件。计算机中可打开的文件数量是有限的，每打开一个文件，可打开文件数量就减一；打开的文件占用系统资源，若打开的文件过多，就会降低系统性能；当文件以缓冲方式打开时，磁盘文件与内存间的读/写并非实时进行，若程序因异常关闭，就可能因缓冲区中的数据未写入文件而导致数据丢失。因此，程序应主动关闭不再使用的文件。

每次使用文件都得调用 open()方法和 close()方法，如果打开与关闭之间的操作较多，就很容易遗失 close()操作，为此 Python 引入了 with 语句来实现 close()方法的自动调用。以打开与关闭文件 a.txt 为例，操作如下：

```
with open('a.txt') as file:
    代码段
```

在该示例中，as 后的变量用于接收 with 语句打开文件的文件流，通过 with 语句打开的文件将在跳出 with 语句时自动关闭。

8.2.2　读文件

Python 中读取文件内容的方法有很多，常用的有 read()、readline()和 readlines()。假设现有文件 a.txt，该文件中的内容如图 8-5 所示。

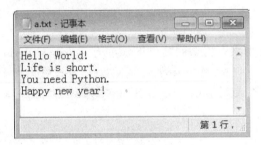

图 8-5　文件 a.txt

下面以文件 a.txt 为例，对 Python 的文件读取方法分别介绍。

1. read()方法

read()方法可从指定文件中读取指定字节的数据，该方法的定义如下：

```
read (size)
```

read()方法中的参数 size 用于指定从文件中读取数据的数量，若参数缺省，则一次读取指定文件中的所有数据。例如，使用 read()方法读取文本文件 a.txt 中的数据，代码如下：

```
>>> file = open('a.txt')
>>> file.read(5)                                #读取 5 个字符
'Hello'
>>> file.read( 3)# 继续读取 3 个字符
' Wo'                                            #注意 W 之前有一个空格
>> file.read ()                                 #读取剩余全部字符
'rld!\nLife is short.\nYou need Python.\nHappy new year!'
>>> file.read ()                                #再次读取
''                                              #读取到的数据为空
```

```
>>> file.close()
```

由该示例可知，文件打开后，每次调用 read()方法时，程序会从上次读取位置继续向下读取数据。

2. readline()方法

readline()方法每次可从指定文件中读取一行数据。例如，使用 readline()方法读取文件 a.txt 中的数据，代码如下：

```
>>> file =open('a.txt')
>>>    file.readline()                       #第 1 次读取，读取第 1 行
'Hello World!\n'
>>> file.readline()                          #第 2 次读取，读取第 2 行
'Life is short.\n'
>>> file.readline()                          #第 3 次读取，读取第 3 行
'You need Python.\n'
>>> file.readline()                          #第 4 次读取，读取第 4 行
'Happy new year!'
>>> file. close()
```

3. readlines()方法

readlines()方法可将指定文件中的数据一次读出，并将每一行视为一个元素，存储到列表。例如，使用 readlines()方法读取 a.txt 中的数据，代码如下：

```
>>> file =open('a.txt')
>>> file.read1ines()
['Hello World!\n','Life is short.\n','You need Python.\n','Happy new year!']
>>type (file. readlines ())                 #获取读取结果的类型
<class 'list'>                              #类型为列表
>>> file.close()
```

以上介绍的 3 种方法通常用于遍历文件，其中 read()（参数缺省时）和 readlines()方法都可一次读出文件中的全部数据，但这两种操作都不够安全。这是因为，计算机的内存是有限的，若文件较大，则 read()和 readlines()的一次读取会耗尽系统内存，这显然是不可取的。为了保证读取安全，通常采用 read(size)方式，多次调用 read()方法，每次读取 size 字节的数据。

8.2.3 写文件

Python 可通过 write()方法向文件中写入数据，write()方法的定义如下：

```
write(str)
```

write()方法中的参数 str 表示要写入文件的字符串，在一次打开和关闭操作之间每调用一次 write()方法，程序就向文件中追加一行数据，并返回本次写入文件中的字节数。

新建一个文本文件 b.txt，以读写的方式打开并写入数据，代码如下：

```
file=open('b.txt','w+')          #以读/写方式打开文本文件 b.txt
file.write("Hello World!\n")
```

写入完毕，打开文件 b.txt 观察其中内容，如图 8-6 所示。

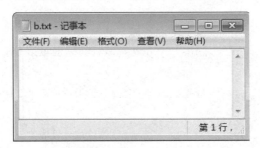

图 8-6　b.txt 文件内容

此时代码已执行完毕，但由图 8-6 可知，字符串尚未被写入文件 b.txt。这是因为，代码中采用默认方式访问文件，然而本书的开发环境搭建在缓冲设备之中，所以调用 write()方法后，数据不会即时写入文件。若要将数据即时写入文件，则可以用以下 3 种方法实现。

1. 修改 open()方法的 buffering 参数

设置 open()方法的 buffering 参数为 1，以读写的方式打开空文本文件 c.txt，向其中写入字符串，代码如下：

```
file = open('c.txt','w+',1)                #打开文件
file.write("Hello World!\n")               #写入字符串
```

经以上操作后，打开文件 c.txt，文件内容如图 8-7 所示，可见，调用 write()方法后，字符串便被写入文件。

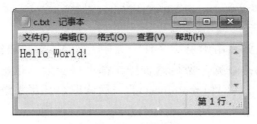

图 8-7　c.txt 文件内容

2. 刷新缓冲区

在缓冲设备中，调用 write()方法向文件写入的数据暂存在缓冲区中。默认情况下，缓冲区存满时，系统才将数据一次性写入文件。若调用 flush()方法刷新缓冲区，则缓冲区会被清空，清空前会将其中存储的数据写入文件。以空文件 d.txt 为例，对其执行写入操作后调用 flush()方法刷新缓冲区，代码如下：

```
file = open('d.txt','w+')                    #打开文件
file.write("Hello World!\n")                 #写入字符串
file.flush()                                 #写入字符串
```

打开文件 d.txt，文件中的内容如图 8-8 所示。

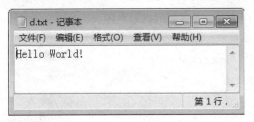

图 8-8　d.txt 文件内容

3. 关闭文件

关闭文件后，系统会自动刷新缓冲区，因此如果使用 close()方法替换以上示例中 flush()方法，则文件 d.txt 中的内容仍如图 8-8 所示。

虽然前两种方法可以实现即时写入，但这意味着程序需要访问硬件设备，这将降低程序的效率。因此，一般推荐使用 with 语句实现文件的自动关闭与刷新，示例如下：

```
with open('a.txt','w+') as file:
    file.write("Hello World!\n")
```

8.2.4　案例 22：文件的复制

获取源代码

实际开发中，文件的读写可以完成很多功能，如文件的复制就是文件读写的过程。假设当前目录存在文本文件 8_1.txt，要求在控制台输入复制的文件名，将文件的内容复制到名称为 8_1[复件].txt 的文件中。代码如下：

```
Case8_2.py
1    """
2        案例：文件的复制
3        技术：文件的读写
4        日期：2020-03-28
5    """
6    oldFileName = input("请输入要复制的文件名称：")
7    oldFile = open(oldFileName,'rt',encoding='utf-8')
8    #如果打开文件
9    if oldFile:
10       #提取文件的后缀
11       fileFlagNum = oldFileName.rfind('.')
12       if fileFlagNum > 0:
```

```
13          fileFlag = oldFileName[fileFlagNum:]
14          #组织新的文件名称
15          newFileName = oldFileName[:fileFlagNum] + '[复件]' + fileFlag
16      #创建新文件
17      newFile = open(newFileName,'wt',encoding='utf-8')
18      #把旧文件中的数据，逐行复制到新文件中
19      for lineContent in oldFile.readlines():
20          newFile.write(lineContent)
21      print("文件复制成功")
22  #关闭文件
23  oldFile.close()
24  newFile.close()
```

如果输入的文件不存在，则运行结果如下：

```
请输入要复制的文件名称：cc.txt↙
Traceback (most recent call last):
   File "C:/Users/Administrator/PycharmProjects/Chapter08/Case35.py",line 3,in <module>
      oldFile = open(oldFileName,'r')
FileNotFoundError: [Errno 2] No such file or directory: 'cc.txt'
```

如果输入该目录下已经存在的正确的文件名，如 8_1.txt，则运行结果如下：

```
请输入要复制的文件名称：8_1.txt↙
文件复制成功
```

查看当前目录下，会发现新生成了一个文本文件 8_1[复件].txt，打开该文件，其文件内容
与 8_1.txt 内容完全相同，说明文件复制成功。

8.2.5 文件定位读取

文件的一次打开与关闭之间进行的读写操作都是连续的，程序总是从上次读写的位置继
续向下进行读写操作。实际上，每个文件对象都有一个称为"文件读写位置"的属性，该属
性用于记录文件当前读写的位置。

Python 提供了一些获取文件读写位置以及修改文件读写位置的方法，以实现文件的随机
读写，下面对这些方法进行介绍。

1. tell()方法

用户可通过 tell()方法获取文件当前的读写位置。以操作如图 8-5 所示的 a.txt 为例介绍
tell()的用法，示例如下：

```
>>> file =open('a.txt')
>>> file.tell()
```

```
0
>>> file.read (5)
'Hello'
>>> file.tell()
5
>>> file.close ()
```

由以上示例可知，打开一个文件后，文件默认的读写位置为 0；文件进行读操作后，文件的读写位置也随之移动。

2．seek()方法

一般情况下，文件的读写是顺序的，但并非每次读写都需从当前位置开始。Python 提供了 seek()方法，使用该方法可控制文件的读写位置，从而实现文件的随机读写。seek()方法的语法如下：

```
seek(offset,from)
```

seek()方法中的参数 offset 表示偏移量，即读写位置需要移动的字节数；参数 from 用于指定文件的读写位置，该参数的取值为 0、1、2，它们代表的含义分别如下：

0：表示文件开头。

1：表示使用当前读写位置。

2：表示文件末尾。

seek()方法调用成功后，会返回当前读写位置。

以操作文件 a.txt 为例演示 seek()的用法，代码如下：

```
>>> file =open('a.txt')
>>> file.tell()
0
>> file.seek (7,0)              #相对文件开头进行偏移
7
```

需要注意的是，若打开的是文本文件，那么 seek()方法只允许相对于文件开头移动文件位置，若在参数 from 的值为 1、2 的情况下对文本文件进行位移操作，将产生错误。示例如下：

```
>>> file.seek(4,1)             #相对当前写位置进行偏移
Traceback (most recent call last):
File "<stdin>",line 1,in <module>
Io.UnsupportedOperation: can't do nonzero cur-relative seeks
>>> file.close()
```

换言之，若要相对当前读写位置（或文件末尾）进行位移操作，则应以二进制形式打开文件。示例如下：

```
>>> file= open('a.txt','rb')
>>> file.seek(6,0)
6
>>> file.seek(5,1)
11
>>> file.seek(6,2)
69
>>> file.seek(-4,2)
59
>>> file.close()
```

在文件操作中，可通过修改文件的读写位置来从文件任意位置读取数据，或向指定位置写入数据，以实现文件的随机读写。

8.3　模块 5：os 库

除 Python 内置方法外，os 库中也定义了与文件操作相关的函数，包括删除文件、文件重命名、创建/删除目录、获取当前目录、更改默认目录与获取目录列表等。在程序中，若要使用 os 库，则应先将其导入，代码如下：

```
import os
```

下面对 os 库中的常用函数进行介绍。

1．删除文件

os 库中的 remove()函数可用于删除文件，该函数要求目标文件存在，其语法格式如下：

```
remove(文件名)
```

如果在 Python 解释器中调用该函数处理文件，则指定文件将会被删除。例如，删除文件 a.txt 可使用如下语句：

```
os. remove ('a.txt')
```

2．文件重命名

os 库中的 rename()函数可用于更改文件名，该函数要求目标文件存在，其语法格式如下：

```
rename(原文件名,新文件名)
```

以将文件 a.txt 重命名为 b.txt 为例演示 rename()函数的用法，代码如下：

```
os.rename('a.txt','b.txt')
```

以上代码运行后，当前路径下的文件 a.txt 被重命名为 b.txt。

3. 创建/删除目录

os 库中的 mkdir()函数可用于创建目录，rmdir()函数可用于删除目录，这两个函数的参数都是目录名。mkdir()函数的使用方法如下：

```
os.mkdir('dir')
```

以上代码运行后，Python 解释器会在默认路径下创建目录 dir。需要注意的是，待创建的目录不能与已有目录重名，否则将创建失败。

rmdir()函数的使用方法如下：

```
os.rmdir('dir')
```

代码运行后，当前路径下的目录将被删除。

4. 获取当前目录

当前目录即 Python 当前的工作路径。os 库中的 getcwd()函数可用于获取当前目录，调用该函数后，解释器中将输出当前位置的绝对路径。示例如下：

```
>>>os.getcwd()
'D:\\PyCharmCode\\Chapter08'
```

5. 更改默认目录

os 库中的 chdir()函数可用来更改默认目录。若在对文件（或文件夹）进行操作时传入的是文件名而非路径名，Python 解释器会从默认目录中查找指定文件，或将新建的文件放在默认目录下。若没有特别设置，则当前目录为默认目录。

使用 chdir()函数更改默认目录为"C:\\"，再次使用 getcwd()函数获取当前目录，具体示例如下：

```
>>> os.chdir('C:\\')          #更改默认目录
>>> os.getcwd()              #获取当前目录
'C:\\'                       #当前目录
```

6. 获取目录列表

实际应用中常常需要先获取指定目录下的所有文件，再对目标文件进行相应操作。os 库中提供了 listdir()函数，使用该函数可方便快捷地获取指定目录下所有文件的列表。以获取当前目录下的文件列表为例演示 listdir()函数的用法，代码如下：

```
>>>dirs = os.listdir('./')
>>>print(dirs)
['.idea','8_1.txt','8_1[ 复件 ].txt','arial.ttf','Case8_1.py','Case8_10.py','Case8_11.py','Case8_12.py','Case8_13.py',
'Case8_14.py','Case8_15.py','Case8_2.py','Case8_3.py','Case8_4.py','Case8_5.py','Case8_6.py','Case8_7.py','Case8_8.py',
'Case8_9.py','flag.txt','IDcardtable.txt','student_countscore.csv','student_score.csv','Tiantan.jpg','Tiantan.png','users',
'u_root.txt','VerCode.jpg']
```

8.4　案例 23：用户登录

获取源代码

用户登录功能模块分为管理员登录和普通用户登录，在用户使用软件时，系统会首先判断用户是否为首次使用。若是首次使用，则进行初始化；否则，进入用户类型选择。用户类型分为管理员和普通用户两种。若选择管理员，则直接进行登录；若选择普通用户，则先询问用户是否需要注册，若需要注册，则先注册用户再进行登录。

结合模块功能，用户管理模块应包含以下文件：

（1）标识位文件 flag.txt。用于检测是否为初次使用系统，其中的初始数据为 0，在启动程序后，系统将其中的数据修改为 1。

（2）管理员账户文件 u_root.txt。用于保存管理员的唯一账户信息，该账户在程序中设置。

（3）普通用户账户文件。用于保存普通用户注册的账户，每个用户对应一个账户文件，普通用户账户文件统一存储于普通用户文件夹 users 中。

在实际应用中应结合程序功能来设计程序接口。用户登录模块包含的函数及其功能分别如下：

main()：程序的入口。

c_nag()：标识位文件更改。

init()：信息初始化。

print_login_menu()：显示登录菜单。

user_select()：用户选择。

root_login()：管理员登录。

user_register()：用户注册。

user_login()：普通用户登录。

需要注意的是，函数 init() 和 user_login() 中使用了 os 库的 listdir() 函数，因此程序文件中需导入 os 库。代码如下：

```
import os
```

之后，在文件末尾添加如下代码：

```
if __name__ == "__main__":
    main()
```

案例 23 的代码共有 126 行，受篇幅所限，下面只给出部分源代码，请扫描二维码查看完整代码。

```
Case8_3.py
1      """
2          案例：用户登录
3          技术：文件读写、函数等
4          日期：2020-03-28
```

```
5          """
6      import os
7      #判断是否为首次使用系统
8      def main():
9          flag = open("flag.txt")
10         word = flag.read()
11         if word == "0":
12             print("首次启动！")
13             flag.close()              #关闭文件
14             c_flag()                  #更改标志为1
15             init()                    #初始化资源
16             print_login_menu()        #显示登录菜单
17             user_select()             #选择用户
18         elif word == "1":
19             print("欢迎回来！")
20             print_login_menu()
21             user_select()
22         else:
23             print("初始化参数错误！")
26     #更改标志位
27     def c_flag():...
32     #初始化管理员用户
33     def init():...
40     #显示登录菜单
41     def print_login_menu():...
47     #用户选择
48     def user_select():...
71     #管理员登录
72     def root_login():...
86     #用户注册
87     def user_register():...
97     #普通用户登录
98     def user_login():...
125    if __name__ == "__main__":
126        main()
```

接下来，运行该程序，介绍其主要功能。

1. 首次启动

在程序所在目录中创建文件 flag.txt，打开该文件，在其中写入数据"0"，保存后退出。执行程序，将输出如下信息：

```
首次启动！
----用户选择----
1-管理员登录
2-普通用户登录

----------------
请选择用户类型：
```

此时查看程序所在目录，发现其中新建了文件夹 users 和文本文件 u_root.txt。在终端中输入"1"，进入管理员登录界面，输入正确的账户名和密码，程序的运行结果如下：

```
请选择用户类型：1✓
****管理员登录*****
请输入账户名：root
请输入密码：123456
登录成功！
```

由以上执行结果可知，管理员的账户名和密码匹配成功。打开当前目录下的文本文件 u_root.txt，其内容如下：

```
{'rnum':'root','rpwd':'123456'}
```

由此说明，设置管理员的账户名和密码的文本文件创建成功。

2. 再次启动

再次执行程序，终端将输出如下信息：

```
欢迎回来！
----用户选择----
1-管理员登录
2-普通用户登录

----------------
请选择用户类型：
```

由以上执行结果可知，c_flag()函数调用成功。

本次选择使用普通用户登录，并注册新用户，结果如下：

```
请选择用户类型：2✓
是否需要注册?(y/n)：y✓
----用户注册----
请输入账户名：wolf
请输入密码：888888
请输入昵称：开心
****普通用户登录****
请输入账户名：wolf
请输入密码：888888
```

> 登录中······
> 登录成功！

此时打开当前目录下的 users 文件夹，可以发现新建了名为 wolf.txt 的文本文件，文件内容如下：

{'u_id':'wolf','u_pwd':'888888','u_name':' 开心'}

由以上内容可知，账户名为 wolf 的密码、昵称已设置成功。

结合以上执行结果可知，用户注册、普通用户登录功能均已成功实现。

8.5 一维、二维数据的格式化和处理

8.5.1 数据组织的维度

1. 一维数据

一维数据由对等关系的有序数据或无序数据构成，采用线性方式组织，对应于数学中的数组、集合等概念。例如，根据教育部公布的"2019—2020 国家双一流大学名单及学科"可知，有 42 所世界一流大学建设高校，这便是一组一维数据，其具有线性特点，用半角逗号分隔此组数据，即"北京大学,中国人民大学,清华大学,…"。

2. 二维数据

二维数据又称表格数据，由关联关系数据构成，采用表格方式组织，对应于数学中的矩阵，常见的表格都属于二维数据。例如，2018 级计算机科学与技术 01 班各科成绩就是一种表格数据，受篇幅所限，列出 8 位同学的数据如表 8-4 所示。

表 8-4 2018 级计算机科学与技术 01 班成绩

姓名	大学英语	高等数学	概率论	数据结构与算法	Java 程序设计
李宏超	77	86	78	85	84
黄丽华	79	84	70	82	89
赵钢洋	83	92	68	84	78
李 闯	75	78	73	88	90
王俊南	88	77	82	68	83
林楚楚	90	76	69	76	88
孙雨琪	92	75	70	80	85
周思佳	76	89	72	82	75

3. 高维数据

高维数据由键值对类型的数据构成，采用对象方式组织，属于整合度更好的数据组织方式。高维数据在网络系统中十分常用，HTML、XML、JSON 等都是高维数据组织的语法结构。以使用 JSON 格式描述表 8-4 所示的数据为例，代码（部分）如下：

```
"2018 级计算机科学与技术 01 班成绩":[
                                        {"姓名":"李宏超",
"大学英语":"77",
"高等数学":"86",
"概率论":"78",
"数据结构与算法":"85",
"Java 程序设计":"84"},
{"姓名":"黄丽华",
"大学英语":"79",
"高等数学":"84",
"概率论":"70",
"数据结构与算法":"82",
"Java 程序设计":"89"},
……
]
```

其中，"2018 级计算机科学与技术 01 班成绩"和后续内容通过冒号":"形成一个键值对；在每个内容中，"姓名""大学英语""高等数学""概率论""数据结构与算法""Java 程序设计"分别与后面的数据形成键值对；全部内容按照层级结构采用逗号和大括号组织起来。相比一维和二维数据，高维数据能更加灵活地表达复杂的数据关系。

8.5.2　模块 6：csv 库

Python 提供了一个读写 csv 的标准库，可以通过以下语句使用：

```
import csv
```

csv 库包含操作 CSV 格式的基本功能，主要是 csv.reader()和 csv.writer()两个读写操作。由于 CSV 格式十分简单，对于一般程序来说，建议程序员自己编写操作 CSV 格式的函数，这样更活个性化。对于需要运行在复杂环境或商业使用的程序，建议采用 csv 库。

1．一维数据

一维数据是最简单的数据组织类型，有多种存储格式，常用特殊字符分隔。

（1）用一个或多个空格分隔。例如：

北京大学　中国人民大学　清华大学　北京航空航天大学

（2）用逗号分隔。注意，这里的逗号是英文输入法中的半角逗号，不是中文逗号。例如：

北京大学,中国人民大学,清华大学,北京航空航天大学

（3）用其他符号或符号组合分隔，建议采用不出现在数据中的特殊符号。例如：

北京大学;中国人民大学;清华大学;北京航空航天大学

2．二维数据

二维数据由多条一维数据构成，可以看成一维数据的组合形式。逗号分隔数值的存储格

式叫作 CSV 格式（Comma-Separated Values，逗号分隔值），它是一种国际通用的一维、二维数据存储格式，尤其应用在程序之间转移表格数据。

CSV 存储格式遵循以下基本规则：

（1）纯文本格式，通过单一编码表示字符。

（2）以行为单位，开头不留空行，行之间没有空行。

（3）每行表示一个一维数据，多行表示二维数据。

（4）以半角逗号分隔每列数据，即使列数据为空也要保留逗号。

（5）对于表格数据，可以包含或不包含列名，包含时列名放置在文件第一行。

CSV 格式存储的文件一般采用 .csv 为扩展名，可以通过 Windows 平台上的记事本或 Excel 等软件打开，也可以在其他操作系统平台上用文本编辑工具打开。一般的表格数据处理软件都可以将数据保存为 CSV 格式。

例如，表 8-4 中的二维数据采用 CSV 格式存储后，分别使用记事本和 Excel 打开该文件，文件中的内容如图 8-9、图 8-10 所示。

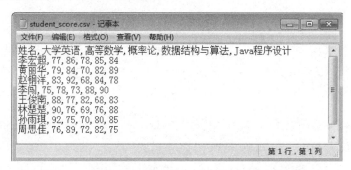

图 8-9　用记事本打开 CSV 文件

	A	B	C	D	E	F
1	姓名	大学英语	高等数学	概率论	数据结构与算法	Java程序设计
2	李宏超	77	86	78	85	84
3	黄丽华	79	84	70	82	89
4	赵钢洋	83	92	68	84	78
5	李闯	75	78	73	88	90
6	王俊南	88	77	82	68	83
7	林楚楚	90	76	69	76	88
8	孙雨琪	92	75	70	80	85
9	周思佳	76	89	72	82	75
10						

图 8-10　用 Excel 打开 CSV 文件

获取源代码

8.5.3　案例 24：读取 CSV 文件中的数据

将表 8-4 的数据以 CSV 格式存储到当前路径下的 student_score.csv 文件中，然后读取该文件中的二维数据并以列表形式输出。代码如下：

```
Case8_4.py
1    """
2        案例：读取 CSV 文件中的数据
3        技术：CSV 格式文件读取
4        日期：2020-03-28
```

```
5        """
6        #打开 CSV 文件
7        file = open('student_score.csv')
8        lines = []
9        for line in file:
10       line = line.replace('\n','')
11       lines.append(line.split(','))
12       print(lines)
13       file.close()
```

以上代码从 CSV 文件中一次性读出全部数据写入列表，之后在程序内部使用列表即可操作数据，这种一次性读出、写入的方式适合一部分应用。有些应用并不需要将数据全部写入程序再操作，就可以逐行读取 CSV 文件，然后逐行运算处理，这种情况使用普通列表即可。

需要注意的是，以 split(",")方法从 CSV 文件中获得内容时，每行的最后一个元素后面包含了一个换行符（"\n"）。对于数据的表达和使用来说，这个换行符是多余的，可以使用字符串的 replace()方法将其去掉。

运行程序，执行结果如下：

[['姓名','大学英语','高等数学','概率论','数据结构与算法','Java 程序设计'],['李宏超', '77','86','78','85','84'],[' 黄丽华','79','84','70','82','89'],[' 赵钢洋','83', '92','68','84','78'],[' 李闯','75','78','73','88','90'],[' 王俊南','88','77','82', '68','83'],['林楚楚','90','76','69','76','88'],[' 孙雨琪','92','75','70','80', '85'],[' 周思佳','76','89','72','82','75']]

8.5.4 案例 25：将数据处理后写入 CSV 文件

在实际工作中，有时需要读取某个 CSV 文件的数据并进行相应处理，然后将处理结果写入新的 CSV 文件。例如，读取 student_score.csv 文件的数据，统计每个学生的总成绩并写入新的 student_countscore.csv 文件。代码如下：

获取源代码

```
Case8_5.py
1        """
2        案例：将数据处理后写入 CSV 文件
3        技术：从 CSV 文件中读取表格数据
4        读取每行，在第 1 行 lines[0]之后追加"总分"，即 lines[i].append('总分')
5        之后，每行都计算 lines[i][1]~lines[i][len(lines[i])-1]的和
6        将计算结果追加到 lines[i]中
7        日期：2020-03-28
8        """
9        #打开需读取的 CSV 文件
10       csv_file = open('student_score.csv')
```

```
11      #打开要写入的 CSV 文件
12      file_new = open('student_countscore.csv','w+')
13      lines = []
14      for line in csv_file:
15          line = line.replace('\n','')
16          lines.append(line.split(','))
17      #添加表头字段
18      lines[0].append('总分')
19      #添加总分
20      for i in range(len(lines)-1):
21          idx = i+1
22          sumScore = 0
23          for j in range(len(lines[idx])) :
24              if lines[idx][j].isnumeric():
25                  #计算总成绩
26                  sumScore += int(lines[idx][j])
27          #在列表中添加总成绩
28          lines[idx].append(str(sumScore))
29      for line in lines:
30          print(line)
31          #将列表中的数据循环写入
32          file_new.write(','.join(line)+'\n')
33      csv_file.close()
34      file_new.close()
```

对于 Python 列表变量保存的一维数据结果，可以先使用字符串的 join()方法来组成逗号分隔形式，再通过文件的 write()方法存储到 CSV 文件中。例如，以上代码中第 32 行的"','.join（line）"生成一个新的字符串，它由字符串','分隔列表 line 中的元素形成。

运行以上代码，程序执行完成后，当前目录中将新建包含 student_score.csv 文件中数据的 CSV 文件 student_countscore.csv。分别使用记事本和 Excel 打开该文件，文件中的内容如图 8-11、图 8-12 所示。

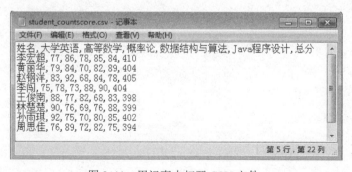

图 8-11   用记事本打开 CSV 文件

A	B	C	D	E	F	G
1 姓名	大学英语	高等数学	概率论	数据结构与	Java程序设	总分
2 李宏超	77	86	78	85	84	410
3 黄丽华	79	84	70	82	89	404
4 赵钢洋	83	92	68	84	78	405
5 李闯	75	78	73	88	90	404
6 王俊南	88	77	82	68	83	398
7 林楚楚	90	76	69	76	88	399
8 孙雨琪	92	75	70	80	85	402
9 周思佳	76	89	72	82	75	394
10						

图 8-12　用 Excel 打开 CSV 文件

8.6　高维数据的格式化

万维网是一个复杂的数据组织体系，是高维数据最成功的典型应用。它通过 HTML 方式展示不同类型数据内容，采用 XML 或 JSON 格式表达键值对，形成数据间复杂的关系。

JSON 格式可以对高维数据进行表达和存储。JSON（JavaScript Object Notation）是一种轻量级的数据交换格式，易于阅读和理解。JSON 格式表达键值对<key,value>的基本格式如下，键值对都保存在双引号中：

```
"key":"value"
```

当多个键值对放在一起时，JSON 有以下约定：
（1）数据保存在键值对中。
（2）键值对之间由半角逗号分隔。
（3）大括号用于保存键值对数据组成的对象。
（4）方括号用于保存键值对数据组成的数组。
接下来，以表 8-4 所示数据的 JSON 格式为例进行说明。代码如下：

```
"2018 级计算机科学与技术 01 班成绩":[
                        {"姓名":"李宏超",
"大学英语":"77",
"高等数学":"86",
"概率论":"78",
"数据结构与算法":"85",
"Java 程序设计":"84"},
{"姓名":"黄丽华",
"大学英语":"79",
"高等数学":"84",
"概率论":"70",
"数据结构与算法":"82",
"Java 程序设计":"89"},
…
]
```

以上数据首先是一个键值对，由"2018 级计算机科学与技术 01 班成绩"与内容组成。这些数据涉及 8 个学生，学生之间采用逗号分隔，学生之间是对等关系，形成一个数组，采用方括号分隔。每个学生是一个对象，采用大括号组织数据；对象中包括该学生的各科成绩，每项都是一个键值对，对应成绩的一个属性。

除 JSON 外，网络平台还会使用 XML、HTML 等格式来组织多维数据。XML 和 HTML 格式通过标签来组织数据。例如，将学生成绩以 XML 格式存储，格式如下：

```
<2018 级计算机科学与技术 01 班成绩>
    <姓名>李宏超</姓名><大学英语>77</大学英语><高等数学>86</高等数学><概率论>78</概率论> <数据结构与算法>85</数据结构与算法><Java 程序设计>84</Java 程序设计>
    <姓名>黄丽华</姓名><大学英语>79</大学英语><高等数学>84</高等数学><概率论>70</概率论> <数据结构与算法>82</数据结构与算法><Java 程序设计>89</Java 程序设计>
    ……
</2018 级计算机科学与技术 01 班成绩>
```

对比 JSON 格式与 XML、HTML 格式可知，JSON 格式更为直观，且数据属性的 key 只需存储一次，在网络中进行数据交换时耗费的流量更小。采用对象、数组方式组织起来的键值对可以表示任何结构的数据，这为计算机组织复杂数据提供了极大的便利。目前，万维网上使用的高维数据格式主要是 JSON 和 XML，本书建议采用 JSON 格式。

8.7   模块 7：json 库

json 库是处理 JSON 格式的 Python 标准库，导入方式如下：

```
import json
```

json 库主要包括两类函数，即操作类函数、解析类函数。操作类函数主要完成外部 JSON 格式和程序内部数据类型之间的转换功能；解析类函数主要用于解析键值对内容。JSON 格式包括对象和数组，用大括号{}和方括号[]表示，分别对应键值对的组合关系和对等关系。使用 json 库时，需要注意 JSON 格式的"对象"和"数组"概念与 Python 中"字典"和"列表"的区别和联系，一般来说，JSON 格式的对象将被 json 库解析为字典，JSON 格式的数组将被解析为列表。

json 库包含编码和解码，编码是将 Python 数据类型转换成 JSON 格式的过程，解码是将 JSON 格式中的数据解析对应到 Python 数据类型的过程。本质上，编码和解码是数据类型序列化和反序列化的过程。

序列化是指将对象数据类型转换为可以存储或可以网络传输格式的过程，传输格式一般为 JSON 或 XML。反序列化是指从存储区域中将 JSON 或 XML 格式读出并重建对象的过程，JSON 序列化与反序列化的过程分别是编码和解码。

表 8-5 列出了 json 库的 4 个操作类函数，其中 dumps()和 loads()分别对应编码和解码功能。

表 8-5　json 库操作函数

函数	功能
json.dumps(obj,sort_keys=False,indent=None)	将 Python 的数据类型转换为 JSON 格式，为编码过程
json.loads(string)	将 JSON 格式字符串转换为 Python 的数据类型，为解码过程
json.dumps(obj,fp,sort_keys=False,indent=None)	与 dupms()功能一致，输出到文件 fp
json.loads(fp)	与 loads()功能一致，从文件 fp 读入

json.dumps()中的 obj 可以是 Python 的列表或字典类型，当输入字典类型数据时，dumps()函数将其转换为 JSON 格式字符串，默认生成的字符串是顺序存放的；sort_keys 可以对字典元素按照 key 进行排序，控制输出结果；indent 参数用于增加数据缩进，使得生成的 JSON 格式字符串更具有可读性。

dumps()和 loads()函数的使用示例：

```
>>> import json
>>> data = {'d':7,'a':3,'c':5,'b':8}
>>> jsonstr1 = json.dumps(data)
>>> jsonstr2 = json.dumps(data,sort_keys=True,indent=4)
>>> print(jsonstr1)
{"d":7,"a":3,"c":5,"b":8}
>>> print(jsonstr2)
{
    "a":3,
    "b":8,
    "c":5,
    "d":7
}
>>> data2 = json.loads(jsonstr2)
>>> print(data2,type(data2))
{'a':3,'b':8,'c':5,'d':7} <class 'dict'>
```

8.8　案例 26：身份证号码归属地查询

获取源代码

身份证号码由 17 位数字本体码和一位数字校验码组成，其中前 6 位数字是地址码。地址码标识编码对象常住户口所在地的行政区划代码。本实例要求编写程序，实现根据地址码对照表和身份证号码查询身份证号码归属地的功能。

为查询身份证号码归属地，应在当前目录需要事先建立一个文本文件 IDcardtable.txt，在该文件中存储身份证号码前 6 位对应的归属地信息。用记事本打开该文件，内容如图 8-13 所示。

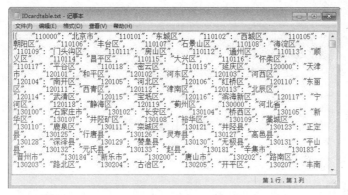

图 8-13　身份证号码前 6 位对应的归属地信息

完整代码如下：

```
Case8_6.py
1    """
2        案例：身份证号码归属地查询
3        技术：json 库
4        日期：2020-03-28
5    """
6    #导入模块
7    import json
8    #打开前 6 位的归属地信息文件
9    f = open("IDcardtable.txt",'r',encoding='utf-8')
10   content = f.read()
11   #转换为字典类型
12   content_dict = json.loads(content)
13   #输入身份证前 6 位
14   address = input('请输入身份证号码的前 6 位：')
15   #获得所在省级行政区的编号
16   province_code = address[0:2] + "0000"
17   #获得所在地级行政区的编号
18   city_code = address[0:4] + "00"
19   #初始化前 6 位均为空
20   province=city=region=""
21   #遍历找出归属地的信息
22   for key,val in content_dict.items():
23       if key == province_code:
24           province = val
25       if key == city_code:
26           city = val
27       if key == address:
28           region = val
29   #输出归属地的信息
30   print("该身份证号码的归属地：{}".format(province+city+region))
```

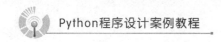

运行结果如下：

请输入身份证号码的前 6 位：210105✓
该身份证号码的归属地：辽宁省沈阳市皇姑区

8.9 模块 8：PIL

8.9.1 PIL 简介

PIL（Python Image Library）是 Python 语言的第三方模块，它是一个具有强大图像处理能力的第三方模块。使用前，需要通过 pip 工具安装。安装 PIL 的方法如下：

:\>pip install pillow　　　　#　或者 pip3 install pillow

注意：安装库的名称是 pillow。

PIL 支持图像存储、显示和处理，它能够处理几乎所有图像格式，可以完成图像的缩放、剪裁、叠加以及向图像添加线条、图像和文字等操作，主要可以实现图像归档、图像处理两方面功能需求。

（1）图像归档：对图像进行批处理、生成图像预览、图像格式转换等。

（2）图像处理：对图像的基本处理、像素处理、颜色处理等。

PIL 库包含 21 个与图像相关的类：Image、ImageChops、ImageColor、ImageCrackCode、ImageDraw、ImageEnhance、ImageFile、ImageFileIO、ImageFilter、ImageFont、ImageGL、ImageGrab、ImageMath、ImageOps、ImagePalette、ImagePath、ImageQT、ImageSequence、ImageStat、ImageTk、ImageWin。这些类可以看作子库或 PIL 库中的模块。

8.9.2 Image 类

Image 类是 PIL 最重要的类，它代表一幅图像。PIL 的大部分功能都是从 Image 类实例开始的，引入这个类的方法如下：

from PIL import Image

Image 实例有 5 个主要的属性：format、mode、size、palette、info。

（1）format：返回图像的格式，如.png、.bmp、.jpg；如果图像不是从文件读取的，则值为 None。

（2）mode：返回图像的模式。常用模式有以下几种：

L：灰度图像，8 位像素，表示黑和白。

RGB：3×8 位像素，为真彩色图像。

RGBA：4×8 位像素，有透明通道的真彩色。

CMYK：4×8 位像素，颜色分离，印刷色彩模式。

P：8 位像素，使用调色板映射到其他模式。

1：1 位像素，表示黑和白，但在存储时每个像素点存储为 8 位。

YCbCr：3×8 位像素，彩色视频格式。

I：32 位整型像素。

F：32 位浮点型像素。

（3）size：是一个二元数组，包含 width 和 height（宽度和高度，单位是 px）。

（4）palette：仅当模式为 P 时有效，返回 ImagePalette 实例。

（5）info：是一个字典结构对象，返回/设置图像一些额外信息。

通过 Image 打开图像文件时，图像的栅格数据不会被直接解码或者加载，程序只读取图像文件头部的元数据信息，这部分信息标识了图像的格式、颜色、大小等。因此，打开一个文件会十分迅速，与图像的存储和压缩方式无关。

以下使用一幅北京天坛中的祈年殿图像进行演示，图像名为 Tiantan.jpg，和 Case8_7.py 存放在同一个目录下，图像大小为 9.79 MB，尺寸为 4216 像素×2800 像素，分辨率为 300 dpi，图像颜色模式为 RGB 模式，如图 8-14 所示。

图 8-14　祈年殿图像

示例如下：

```
Case8_7.py
from PIL import Image
#打开图像
im = Image.open('Tiantan.jpg')
#得到图像大小
print(im.size)
#图像格式
print(im.format)
#图像色彩模式
print(im.mode)
#返回 ImagePalette 实例
```

```
print(im.palette)
#实例信息(dict)
print(im.info)
#打开，并查看图像
im.show()
```

运行结果如下：

```
(4216,2800)
JPEG
RGB
None
{'exif':b'Exif\x00\x00II*\x00\x08\x00\x00\x00\t\x00\x0f\x01\x02\x00\x12\x00\x00\x00z\x00\x00\x00\x10\x01\x0
2\x00\n\x00\x00\x00\x8c\x00\x00\x00\x12\x01\x03\x00\x01\x00\x00\x00\x01\x00\x00\x00\x1a\x01\x05\x00\x01\x00\
x00\x00\x96\x00\x00\x00\x1b\x01\x05\x00\x01\x00\x00\x00\x9e\x00\x00\x00(\x01\x03\x00\x01\x00\x00\x00\x02\x
00\x00\x001\x01\x02\x00$\x00\x00\x00\xa6\x00\x00\x002\x01\x02\x00\x14\......
```

其中，语句"print(im.info)"运行后，显示图像信息数据量太大，受篇幅所限，仅列出以上部分数据。代码最后执行结果用默认的图像浏览软件的打开 Tiantan.jpg，如图 8-14 所示。

8.9.3 图像操作

1. 创建缩略图

Image.thumbnail()方法可用于制作缩略图，以一个二元数组作为缩略图的尺寸，然后将实例图像缩小到指定尺寸，并生成 JPG 缩略图。示例如下：

```
Case8_8.py
from PIL import Image
#打开图像
im = Image.open('Tiantan.jpg')
print(im.size)
x,y = im.size
#缩略图大小
im.thumbnail((x//20,y//20))
print(im.size)
#打开，查看图像
im.show()
```

运行结果如下：

(4216,2800)

(210,139)

图 8-15 祈年殿缩略图

运行最后打开缩略图（图 8-15）。原图大小为 9.79 MB，尺寸为 4216 像素×2800 像素；缩略图大小为 66.9 KB，尺寸为 210 像素×139 像素。受篇幅所限，原图实际尺寸比书上显示的更大。

2. 裁剪图像

裁剪图像的函数为 Image.crop()，能从图像中提取一个子矩形选区。pillow 库以图像左上角为坐标原点（0,0），矩形选区区域由一个元组决定，元组信息包括（左,上,右,下）的坐标信息。

示例如下：

```
Case8_9.py
from PIL import Image
#打开图像
im = Image.open('Tiantan.jpg')
#(左，上，右，下)
selected = (1780,200,2380,1000)
#得到 600 像素*800 像素的图像
region = im.crop(selected)
region.show()
```

裁剪得到的图像如图 8-16 所示，图像尺寸为 600 像素×800 像素。由图可见，通过裁剪得到了原图的一部分。

3. 图像模式转换

convert()方法可用于对图像进行模式转换，pillon 库支持 L 模式和 RGB 模式的互相转换，要想转换到其他模式，可能需要使用一个中介模式（如 RGB 模式）。示例如下：

图 8-16 裁剪图像

```
Case8_10.py
from PIL import Image
im = Image.open('Tiantan.jpg')
print(im.mode)
#彩色变黑白
im = im.convert("L")
im.save("Tiantan.png")
#打开，并查看图像
Image.open('Tiantan.png').show()
```

运行代码后，将 RGB 模式的 Tiantan.jpg 图像转换为 L 模式的图像，如图 8-17 所示。

图 8-17   黑白图像模式效果

8.9.4   ImageDraw 类

ImageDraw 类提供了子类 Draw ，能用于在 Image 实例上进行简单的 2D 绘画。Draw 类的绘画函数如下：

chord：画弦。

arc：画弧。

pieslice：画扇形。

ellipse：画椭圆。

line：画线段/多段线。

point：点。

polygon：画多边形。

rectangle：画矩形。

text：文字。

1.   画直线

Draw.line(xy,options)函数绘制直线。

● xy：坐标列表。它可以采用[(x,y),···]或者[x,y,···]的形式。例如：

[(x1,y1),(x2,y2),···]：包含若干个元组的列表。

[x1,y1,x2,y2,···]：按照顺序包含坐标信息的列表。

[x1,y1,(x2,y2),···]：以上两种情况的混合。

((x1,y1),(x2,y2),···)：包含若干个元组的元组。

(x1,y1,x2,y2,···)：按照顺序包含坐标信息的元组。

(x1,y1,(x2,y2),···)：以上两种情况的混合。

● options：为可用选项，有以下两种：

fill =（R,G,B）：指定线条颜色

width = integer：指定线条宽度，单位是像素。

示例如下：

Case8_11.py

```
from PIL import Image,ImageDraw
im = Image.open('Tiantan.jpg')
#创建 Draw 类的实例
drar_im = ImageDraw.Draw(im)
w,h = im.size
#三等分位置
drar_im.line([0,0.33 * h,w,0.33 * h],fill = (0,0,0),width = 6)
#左下角到中心点，右下角到中心点
drar_im.line([(0,h),(0.5 * w,0.5 * h),(w,h)],fill = (0,0,0),width = 6)
im.show()
```

画直线效果如图 8-18 所示，共画了 3 条直线。

图 8-18　画直线效果

2. 在图像上写字

Draw.text(xy,text,options)函数可用于在 Image 实例上写字。

● xy：指定文本左上角的顶点。

● text：指定要写的字符。

● options：为可用选项，有以下两种：

fill =（R,G,B）：指定线条颜色。

font = ImageFont 实例：指定字体，接收一个 ImageFont 的实例。

示例如下：

```
Case8_12.py
from PIL import Image,ImageDraw,ImageFont
im = Image.open('Tiantan.jpg')
#创建 Draw 类的实例
draw_im = ImageDraw.Draw(im)
w,h = im.size
str = "晚霞中的祈年殿"
#引入字体库
```

```
word_css = "C:\\Windows\\Fonts\\STXINGKA.TTF"  # 字体文件   行楷
#STXINGKA.TTF 华文行楷   simkai.ttf 楷体  SIMLI.TTF 隶书 minijianhuangcao.ttf  迷你狂草   kongxincaoti.ttf
空心草
word_size = 300        #文字大小
#设置字体，如果没有，也可以不设置
myFont = ImageFont.truetype(word_css,word_size)
#如果不使用 myFont 字体实例，则使用 PIL 默认字体
draw_im.text([0.25 * w,0.85 * h],str,fill = (255,0,0),font=myFont)
im.show()
```

写字效果如图 8-19 所示。

图 8-19　写字效果

引入字体库时，注意设置字体所在的目录和正确的字体文件名，否则会出现乱码，显示不出汉字。

8.9.5　ImageFilter 模块

ImageFilter 是 PIL 滤镜模块，提供滤波器的相关定义，这些滤波器主要用于 Image.filter()方法，主要有 10 种过滤方法，说明如下：

ImageFilter.BLUR：模糊滤镜。

ImageFilter.CONTOUR：只显示轮廓。

ImageFilter.DETAIL：细节效果。

ImageFilter.EDGE_ENHANCE：边界加强。

ImageFilter.EDGE_ENHANCE_MORE：边界加强（阈值更大）。

ImageFilter.EMBOSS：浮雕滤镜。

ImageFilter.FIND_EDGES：边界滤镜。

ImageFilter.SMOOTH：平滑滤镜。

ImageFilter.SMOOTH_MORE：平滑滤镜（阈值更大）。

ImageFilter.SHARPEN：锐化滤镜。

示例如下：

```
Case8_13.py
from PIL import Image,ImageFilter
im = Image.open('Tiantan.jpg')
#平滑滤镜
im = im.filter(ImageFilter.SMOOTH)
#图像模糊
im = im.filter(ImageFilter.BLUR)
#边界加强
im = im.filter(ImageFilter.EDGE_ENHANCE_MORE)
#浮雕滤镜
im = im.filter(ImageFilter.EMBOSS)
#轮廓效果
im = im.filter(ImageFilter.CONTOUR)
im.show()
```

通过以上代码，可以得到 Tiantan.jpg 的轮廓滤镜效果，如图 8-20 所示。

图 8-20　轮廓滤镜效果

获取源代码

8.10　案例 27：生成字母验证码图像

我们在登录网站的时候，经常遇到图形验证码图像，图形验证码可以防止恶意破解密码、刷票、论坛灌水等，能有效防止某个黑客对某一个特定注册用户用特定程序暴力破解方式不断进行登录尝试。验证码通常由一些线条和一些不规则的字符组成，主要作用是防止黑客盗取密码数据。虽然登录时麻烦一点，但是对密码安全来说，这个功能还是很有必要的。

本案例模拟生成字母验证码图像，首先要实现的是生成随机字母，然后对字母进行模糊处理。本案例使用 Python 的第三方库 pillow，使用了其中的 Image、ImageDraw、ImageFont、ImageFilter 模块，实现了一幅字母验证码图像的生成。

代码如下：

```
Case8_14.py
1    """
2        案例：生成字母验证码图像
3        技术：PIL
4        日期：2020-03-28
5    """
6    # -*- coding:utf-8 -*-
7    from PIL import Image,ImageDraw,ImageFont,ImageFilter
8    import random
9
10   #随机字母:
11   def rndChar():
12       return chr(random.randint(65,90))
13   #随机颜色 1:
14   def rndColor():
15       return(random.randint(64,255),random.randint(64,255),random.randint(64,255))
16   #随机颜色 2:
17   def rndColor2():
18       return(random.randint(32,127),random.randint(32,127),random.randint(32,127))
19   #240*60:
20   width = 60 * 4
21   height = 60
22   image = Image.new('RGB',(width,height),(255,255,255))
23   # 创建 Font 对象，确保该目录下有这个字体文件
24   font = ImageFont.truetype('Arial.ttf',36)
25   #创建 Draw 对象:
26   draw = ImageDraw.Draw(image)
27   #填充每个像素:
28   for x in range(width):
29       for y in range(height):
30           draw.point((x,y),fill=rndColor())
31   #输出文字:
32   for t in range(4):
33       draw.text((60 * t + 10,10),rndChar(),font=font,fill=rndColor2())
34   #模糊:
35   image = image.filter(ImageFilter.BLUR)
36   image.save('VerCode.jpg','jpeg')
```

代码运行时，先用随机颜色填充背景，再随机写上大写字母，最后对图像进行模糊处

理，并存储为 VerCode.jpg 文件。打开文件观看验证码图像，如图 8-21 所示。可见，案例较好地实现了字母验证码图像的生成。

图 8-21 字母验证码图像

8.11 本 章 小 结

本章主要介绍了与文件和数据格式化的相关知识，包括计算机中文件的定义和文件的基本操作、文件操作模块 os 以及数据维度和高维数据格式化，还介绍了两个常用的 Python 模块——数据交换模块 json 和图像处理模块 PIL。

习 题

一、选择题

1. 打开一个已有文件，然后在文件末尾添加信息，正确的打开方式为（　　　　）。

    A. 'r'　　　　　　　B. 'w'　　　　　　　C. 'a'　　　　　　　D. 'w+'

2. 假设文件不存在，如果使用 open()方法打开文件会报错，那么该文件的打开方式是下列哪种模式？（　　　　）

    A. 'r'　　　　　　　B. 'w'　　　　　　　C. 'a'　　　　　　　D. 'w+'

3. 假设 file 是文本文件对象，则下列选项中哪个用于读取一行内容？（　　　　）

    A. fle.read()　　　　　　　　　　　　B. file.read(200)

    C. file.readline()　　　　　　　　　　D. file.readlines()

4. 下列选项中，用于向文件写入内容的是（　　　　）。

    A. open　　　　　B. write　　　　　C. close　　　　　D. read

5. 下列选项中，用于读取文件内容的是（　　　　）。

    A. open　　　　　B. write　　　　　C. getcwd　　　　　D. read

6. 下列语句打开文件的位置应该在（　　　　）。

```
file = open('abc.txt','w')
```

    A. C 盘根目录下　　　　　　　　B. D 盘根目录下

    C. Python 安装目录下　　　　　　D. 与源文件在相同的目录下

7. 文本文件 a.txt 中的内容如下：

```
abcdef
```

阅读下面的程序：

```
file = open("a.txt","r")
s = file.readline()
s1 = list(s)
print(s1)
```

上述程序执行的结果为（　　　　）。

    A．['abcdef]   B．['abcdef \n']

    C．['a','b','c','d','e','f]   D．['a','b','c','d','e','f','\n']

8. 关于数据组织的维度，以下选项中描述错误的是（　　　　）。

    A．一维数据采用线性方式组织，对应于数学中的数组和集合等概念

    B．数据组织存在维度，字典类型用于表示一维、二维数据

    C．二维数据采用表格方式组织，对应于数学中的矩阵

    D．高维数据由键值对类型的数据构成，采用对象方式组织

9. 关于 CSV 文件的描述，以下选项中错误的是（　　　　）。

    A．CSV 文件通过多种编码表示字符

    B．CSV 文件的每一行是一维数据，可以使用 Python 中的列表类型表示

    C．CSV 文件格式是一种通用的、相对简单的文件格式，应用于程序之间转换表格数据

    D．整个 CSV 文件是一个二维数据

10. 表达式 """,".join(ls)" 中，ls 是列表类型，以下选项中对其功能描述正确的是（　　　　）。

    A．将逗号字符串增加到列表 ls 中

    B．将列表所有元素连接成个字符串，元素之间增加一个逗号

    C．将列表所有元素连接成一个字符串，每个元素后增加一个逗号

    D．在列表 ls 每个元素后增加一个逗号

二、填空题

1. 打开文件对文件进行读写，操作完成后应该调用（　　　　）方法关闭文件，以释放资源。

2. seek()方法用于移动指针到指定位置，该方法中的（　　　　）参数表示要偏移的字节数。

3. 使 readlines()方法把整个文件中的内容进行一次性读取，返回的是一个（　　　　）。

4. os 库中的 mkdir()方法用于创建（　　　　）。

5. 在读写文件的过程中，（　　　　）方法可以获取当前的读写位置。

三、判断题

1. 文件打开的默认方式是只读。（　　　　）

2. 打开一个可读写的文件，如果文件存在，将会被覆盖。（　　　　）

3. 使用 write()方法写入文件时，数据会追加到文件的末尾。（　　　　）

4. 实际开发中，文件或者文件夹操作都要用到 os 库。（　　　　）

5. read()方法只能一次性读取文件中的所有数据。（　　　　）

四、编程题

1. 读取一个文件，显示除了以 # 号开头的行以外的所有行。

2. 编写程序，把包含学生成绩的字典保存为二进制文件，然后再读取内容并显示。

3. 假设有一个英文文本文件，编写一个程序读取其内容，并将里面的大写字母变成小写字母，将小写字母变成大写字母。

4. 图像文件压缩。使用 PIL 对图像进行等比例压缩，无论压缩前文件大小如何，压缩后的文件应小于 30 KB。

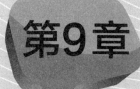

第9章

程序调试方法与技巧

■ 在程序开发过程中，难免出现语法错误或逻辑错误。语法错误相对比较容易发现，逻辑错误往往不太容易发现。

■ 当遇到程序有逻辑错误时，最好的解决方法就是对程序进行调试，即通过观察程序的运行过程及运行过程中变量值的变化，快速找到引起运行结果异常的原因并修改语句，从而解决逻辑错误。

■ 掌握一定的程序调试方法与技巧，是一名合格程序员的必备技能。本章将以计算平均成绩和成绩排序两个案例为例，详细介绍 Python 异常处理机制和程序调试的方法与技巧。

9.1 异 常 类

Python 的所有异常类都是 BaseException 的子类，BaseException 类定义在 exceptions 模块中，该模块在 Python 的内建命名空间，在程序中不必导入就可以直接使用。当执行程序遇到错误时，程序就会引发异常。如果不对该异常对象进行处理和捕捉，程序就会用所谓的回溯（traceback，一种错误信息）来终止执行，这些信息包括错误的名称（如 NameError）、原因和错误发生的行号。

Python 异常类的名称及描述如表 9-1 所示。

表 9-1　异常类的名称及描述

异常类名称	描述
BaseException	所有异常的基类
SystemExit	解释器请求退出
KeyboardInterrupt	用户中断执行（通常是输入 "^C"）
Exception	常规错误的基类
StopIteration	迭代器没有更多值
GeneratorExit	生成器（generator）发生异常，通知退出
StandardError	所有内建标准异常的基类

异常类名称	描述
ArithmeticError	所有数值计算错误的基类
FloatingPointError	浮点计算错误
OverflowError	数值运算超出最大限制
ZeroDivisionError	除（或取模）零（所有数据类型）
AssertionError	断言语句失败
AttributeError	对象没有这个属性
EOFError	没有内建输入，到达 EOF 标记
EnvironmentError	操作系统错误的基类
IOError	输入/输出操作失败
OSError	操作系统错误
WindowsError	系统调用失败
ImportError	导入模块/对象失败
LookupError	无效数据查询的基类
IndexError	序列中没有此索引（index）
KeyError	映射中没有这个键
MemoryError	内存溢出错误（对于 Python 解释器不是致命的）
NameError	未声明/初始化对象（没有属性）
UnboundLocalError	访问未初始化的本地变量
ReferenceError	弱引用（Weak reference）试图访问已经垃圾回收了的对象
RuntimeError	一般的运行时错误
NotImplementedError	尚未实现的方法
SyntaxError	Python 语法错误
IndentationError	缩进错误
TabError	【Tab】键和【空格】键混用
SystemError	一般的解释器系统错误
TypeError	对类型无效的操作
ValueError	传入无效的参数
UnicodeError	Unicode 相关的错误
UnicodeDecodeError	Unicode 解码时的错误
UnicodeEncodeError	Unicode 编码时错误
UnicodeTranslateError	Unicode 转换时错误
Warning	警告的基类
DeprecationWarning	关于被弃用的特征的警告
FutureWarning	关于构造将来语义会有改变的警告
OverflowWarning	旧的关于自动提升为长整型（long）的警告
PendingDeprecationWarning	关于特性将会被废弃的警告
RuntimeWarning	可疑的运行时行为（runtime behavior）的警告
SyntaxWarning	可疑的语法的警告
UserWarning	用户代码生成的警告

以下列举几种常见的异常。

1）ModuleNotFoundError

当程序导入一个不存在的模块时，会引发 ModuleNotFoundError。例如：

```
import ramdon
```

对于以上代码，由于写代码时疏忽，将 random 写成了 ramdon。程序运行时，试图导入模块 ramdon，就会出现以下错误信息：

```
Traceback (most recent call last):
  File "D:/PycharmCode/Chapter9/Demo1.py",line 1,in <module>
    import ramdon
ModuleNotFoundError: No module named 'ramdon'
```

系统提示 ModuleNotFoundError，没有 ramdon 这个模块。这类错误是比较容易排除的错误，因为在 PyCharm 环境中输入模块代码时，会自动进行语法检查，对于错误语法（如本例中的 ramdon），会在词语下标记一条红色的波浪线，提示程序员进行更正。

2）NameError

当程序员访问一个未声明的变量时，会引发 NameError。例如：

```
a = 20
b = 30
print(a,b,c)
```

运行以上代码，将出现以下错误信息：

```
Traceback (most recent call last):
  File "D:/PycharmCode/Chapter9/Demo1.py",line 3,in <module>
    print(a,b,c)
NameError: name 'c' is not defined
```

系统提示 NameError，c 变量没有定义。

3）SyntaxError

语法错误，也就是解析代码时出现错误。当代码不符合 Python 语法规则时，Python 解释器在解析时就会报出 SyntaxError 语法错误，并明确指出最早探测到错误的语句。例如：

```
names_list = ["xiaoZhao","xiaoWang","xiaoLi"]
for name in names_list
    print(name)
```

运行以上代码，出现以下错误信息：

```
File "D:/PycharmCode/Chapter9/Demo1.py",line 2
    for name in names_list
                         ^
SyntaxError: invalid syntax
```

在上述例子中，由于 for 循环的后面缺少冒号，所以出现了以上语法错误。这类错误多是程序员疏忽导致的，是解释器无法容忍的。只有将程序中的所有语法错误全部纠正，程序才能执行。

4）ZeroDivisionError

当除数为 0 的时候，会引发 ZeroDivisionError。例如：

```
a = 20
b = 0
print(a/b)
```

运行以上代码，出现以下错误信息：

```
Traceback (most recent call last):
    File "D:/PycharmCode/Chapter9/Demo1.py",line 3,in <module>
        print(a/b)
ZeroDivisionError: division by zero
```

5）IndexError

当使用序列中不存在的索引时，会引发 IndexError。例如：

```
names_list = ["xiaozhao","xiaowang","xiaoli"]
print(names_list[3])
```

运行以上代码，出现以下错误信息：

```
Traceback (most recent call last):
    File "D:/PycharmCode/Chapter9/Demo1.py",line 2,in <module>
        print(names_list[3])
IndexError: list index out of range
```

上述代码中，names_list 列表有三个元素，索引值为 0、1、2，因此当试图访问索引值为 3 的元素时，就出现了索引错误。

6）KeyError

当使用字典中不存在的键访问值时，会引发 KeyError。例如：

```
student_dict= {'name':'王晓明','age':20,'phone':'13688889999'}
print(student_dict['address'])
```

运行以上代码，由于 student_dict 字典中只有 name、age 和 phone 三个键，因此当程序试图得到 address 键对应的值时，就会出现以下错误信息：

```
Traceback (most recent call last):
    File "D:/PycharmCode/Chapter9/Demo1.py",line 2,in <module>
        print(student_dict['address'])
KeyError: 'address'
```

7）AttributeError

当使用对象中不存在的属性时，会引发 AttributeError。例如：

```
tuple_one = (1,2,3,4,5)
tuple_one.remove(1)
```

运行以上代码，出现以下错误信息：

```
Traceback (most recent call last):
    File "D:/PycharmCode/Chapter9/Demo1.py",line 2,in <module>
        tuple_one.remove(1)
AttributeError: 'tuple' object has no attribute 'remove'
```

由于元组对象没有属性"remove"，因此当试图删除元组索引值为 1 的元素时，出现以上异常。在 PyCharm 中编辑代码时，当输入对象之后，会在下拉提示框中出现存在的属性和方法，建议读者从提示框中选择，避免出错，尽量不要手动输入。如手动输入 remove，则该代码会用一个灰色的背景提示有异常存在。

8）FileNotFoundError

当试图打开不存在的文件时，会引发 FileNotFoundError。例如：

```
file = open("test.txt")
```

运行以上代码，程序试图打开 test.txt 文本文件，而当前目录下并没有这个文件，因此出现以下错误信息：

```
Traceback (most recent call last):
    File "D:/PycharmCode/Chapter9/Demo1.py",line 1,in <module>
        file = open("test.txt")
FileNotFoundError: [Errno 2] No such file or directory: 'test.txt'
```

为了避免出现这类异常，在 Python 中通常使用 with 语句来打开文件。示例如下：

```
with open ("test.txt") as file:
    data = file.read()
```

这样，无论是否正常打开文件，with 语句都会关闭文件。

9.2 异常处理

9.2.1 异常处理机制

在 Python 2.5 以前的版本中，finally 子句不能与 try-except-else 或 try-except-else 子句一起使用，只能使用 try-finally 子句，但是这并不符合大部分程序员的习惯。从 Python 2.5 开始，finally 可以与 except 子句和 else 子句自由组合，与 try 语句联合使用。

Python 中的异常处理机制语法的完整格式如下：

```
try:
    #语句块
except A：
    #异常 A 处理代码
except:
    #其他异常处理代码
else：
    #没有异常处理代码
finally：
    #最后必须处理代码
```

正常执行的程序在 try 语句块中执行，如果在执行过程中发生了异常，则需要中断当前在 try 语句块中的执行，然后跳转到对应的异常处理块（except 块）中执行相应语句。

Python 会从第一个 except 块开始查找，如果找到了对应的异常类型，就进入其提供的 except 块中进行处理；如果没有找到，就进入不带异常类型的 except 块中进行效理。不带异常类型的 except 块是可选项，如果没有提供，这个异常就会被提交给 Python 进行默认处理，处理方式则是终止应用程序并输出提示信息。

如果在 try 语句块执行过程中没有发生任何异常，则程序在执行完 try 语句块后会进入 else 执行块中执行。

无论是否发生了异常，只要提供了 finally 语句，程序执行的最后一步总是执行 finally 对应的代码块。

9.2.2　单个异常处理

try-except 语句定义了监控异常的一段代码，并且提供了处理异常的机制。try-except 语句的基本格式如下：

```
try:
#语句块
except:
#异常处理代码
```

当 try 语句块中的某条语句出现错误时，程序就不再继续执行 try 语句块中的语句，转而执行 except 块中处理异常的语句。接下来，通过一个案例来演示如何使用简单的 try-except 语句，试图捕获两个数相除可能会产生的异常。示例如下：

```
Case9_1.py
try:
    num1 = input("请输入第 1 个数：")
    num2 = input("请输入第 2 个数：")
```

```
        print(int(num1)/int(num2))
except ZeroDivisionError:
        print("第 2 个数不能为 0")
```

上述代码中，在 try 语句块中的 input()函数接收用户输入的两个数值，将第一个数值作为被除数，将第二个数值作为除数，如果发生除数为 0 的情况，except 子句就会捕获到这个异常，并将异常信息输出。

运行两次代码，分别输入两个数为 10、2 和 10、0，运行结果如下：

```
请输入第 1 个数：10↙
请输入第 2 个数：2↙
5.0
请输入第 1 个数：10↙
请输入第 2 个数：0↙
第 2 个数不能为 0
```

从两次运行的结果可以看出，程序产生异常时，不会再出现程序终止的情况，而是按照已设定的消息提醒用户。需要注意的是，只要监控到错误，程序就会执行 except 块的语句，并且不再执行 try 语句块未执行的语句。

9.2.3 多个异常处理

在运行 Case9_1.py 时，如果输入非数字类型的值，就会产生另一个数值错误的异常，具体错误信息如下：

```
Traceback (most recent call last):
    File "D:/PycharmCode/Chapter9/Case9_1.py",line 4,in <module>
        print(int(num1)/int(num2))
ValueError: invalid literal for int() with base 10: 'a'
```

上述错误信息表明，输入了字符 'a'，导致程序出现 ValueError 异常。这是因为，Case9_1.py 中的 except 语句只能捕获 ZeroDivisionError 异常，于是程序没有处理新的异常而终止运行。为了让程序能检测到 ValueError 异常，可以增加一个处理该异常的 except 语句。此时，需要用到处理多个异常的 try-except 语句，其语法格式如下：

```
try:
    #语句块
except 异常名称 1:
    #异常处理代码
except 异常名称 2:
    #异常处理代码
    ……
```

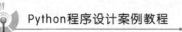

在 Case9_1.py 的基础上，添加处理 ValueError 异常的语句。代码如下：

```
Case9_2.py
try:
    num1 = input("请输入第 1 个数：")
    num2 = input("请输入第 2 个数：")
    print(int(num1)/int(num2))
except ZeroDivisionError:
    print("第 2 个数不能为 0")
except ValueError:
    print("只能输入数字")
```

运行代码，输入第 1 个数为 10、第 2 个数为 a，运行结果如下：

```
请输入第 1 个数：10↙
请输入第 2 个数：a↙
只能输入数字
```

如果想让一个 except 语句能捕获多个异常，并且使用同一种处理方式，则在 Python 3.×系列中可通过元组来实现。示例如下：

```
except(NameError,KeyError):
```

9.3 抛 出 异 常

9.3.1 raise 语句

使用 raise 语句能显式地触发异常，其基本格式如下：

```
raise  异常类              #使用类名引发异常
raise  异常类对象          #使用异常类的实例引发异常
raise                     #传递异常
```

在上述格式中，第 1 种方式和第 2 种方式是对等的，都会引发指定异常类对象。其中，第 1 种方式隐式地创建异常类的实例；第 2 种方式是最常见的，直接会提供一个异常类的实例；第 3 种方式用于重新引发刚刚发生的异常。

1. 使用类名引发异常

当 raise 语句指定异常的类名时，会隐式地创建该类的实例，然后引发异常。示例如下：

```
raise KeyError
```

运行结果如下：

```
Traceback(most recent call last):
    File "D:/PycharmCode/Chapter9/Demo1.py",line 1,in <module>
        raise KeyError
KeyError
```

2. 使用异常类的实例引发异常

显式地创建异常类的实例，可直接用于引发异常。示例如下：

```
key_error = KeyError()
raise key_error
```

运行结果如下：

```
Traceback(most recent call last):
    File "D:/PycharmCode/Chapter9/Demo1.py",line 2,in <module>
        raise key_error
KeyError
```

3. 传递异常

不带任何参数的 raise 语句，可以再次引发刚刚发生过的异常，作用就是向外传递异常。示例如下：

```
try:
    raise KeyError
except:
    print("Error")
    raise
```

在该代码中，try 语句块使用 raise 抛出了 KeyError 异常，程序会跳转到 except 子句中执行"print("Error")"语句，然后使用 raise 再次引发刚刚发生的异常，导致程序出现错误而终止运行。运行结果如下：

```
Traceback (most recent call last):
    File "D:/PycharmCode/Chapter9/Demo1.py",line 2,in <module>
        raise KeyError
KeyError
Error
```

接下来，通过一个时间转换的例子来介绍 raise 语句的使用。代码如下：

```
Case9_3.py
#导入 sys 标准库
```

```
import sys
# 定义 Hours 函数和参数变量 minutes
def Hours(minutes):
    if minutes < 0:
        raise ValueError("当前输入值有误")     #使用 raise 语句抛出异常
    #否则打印转换后的时间,以 "H,M" 的形式打印
    else:
        print("{}H,{}M".format(int(minutes // 60),(minutes % 60)))
#执行异常处理代码
try:
    value_time = input("请输入要转换的时间数值：")
    #调用 Hours()方法计算
    Hours(int(value_time))
except:
    #若 try 语句中发生异常,则执行 except 语句
    print("参数错误!")
```

运行程序，如果在控制台输入 "100"，则运行结果如下：

```
请输入要转换的时间数值：100↙
1H,40M
```

如果在控制台输入 "-6"，则运行结果如下：

```
请输入要转换的时间数值：-6↙
参数错误!
```

9.3.2　assert 语句

assert 语句又称为断言，是指期望用户满足指定的条件。当用户定义的约束条件不满足的时候，它会触发 AssertionError 异常，所以 assert 语句可以当作条件式的 raise 语句。assert 语句的格式如下：

```
assert 逻辑表达式,data                #data 是可选的
```

在该格式中，assert 后面紧跟一个逻辑表达式，相当于条件；data 通常是一个字符串，当表达式的结果为 False 时，作为异常类型的描述信息使用。assert 语句在逻辑上等同于：

```
if not 逻辑表达式:
raise AssertionError(data)
```

断言的示例如下：

```
a = 0
assert a!=0        # a 的值不能为 0
```

在该示例中，定义了变量 a 的值为 0，然后使用 assert 来断言 a 的值不等于 0，所以程序出现以下错误信息：

```
Traceback (most recent call last):
    File "D:/PycharmCode/Chapter9/Demo1.py",line 2,in <module>
        assert a!=0        # a 的值不能为 0
AssertionError
```

assert 语句用来收集用户定义的约束条件，而不是捕捉内在的程序设计错误。Python 会自行收集程序的设计错误，会在遇见错误时自动引发异常。

下面通过一个计算最大公约数的例子来介绍 assert 语句的使用。代码如下：

```
Case9_4.py
try:
    x = int(input("请输入第一个数："))
    y = int(input("请输入第二个数："))
    assert x>1 and y>1,"a 和 b 的值必须大于 1"         #断言
    a = x
    b = y
    if a<b:
        a,b = b,a                                    #a 与 b 的值互换
    #使用辗转相除法求最大公约数
    while b!=0:
        temp = a % b
        a = b
        b = temp
    else:
        print("%s 和%s 的最大公约数：%s"%(x,y,a))
except Exception as result:
    print("捕捉到异常：\n",result)
```

上述代码使用了 try-except 异常处理语句。在 try 语句中首先从键盘获取两个 int 型的数值 x 和 y，之后断言 x 和 y 的值必须都大于 1；然后，分别把 x 和 y 的值赋给 a 和 b，使用条件语句进行判断，如果 a 比 b 的值小，就互换 a 和 b 的值。

在 while-else 循环中，如果 b 不等于 0，就使用辗转相除法求最大公约数。在 except 语句中使用 Exception 捕捉所有异常，并获取异常对应的描述信息。

运行代码，在控制台输入第一个数为 6、第二个数为 1，运行结果如下：

请输入第一个数：6↙

请输入第二个数：1✓

捕捉到异常：

a 和 b 的值必须大于 1

再次运行代码，输入第一个数为 65、第二个数为 25，运行结果如下：

请输入第一个数：65✓

请输入第二个数：25✓

65 和 25 的最大公约数：5

9.3.3　with 语句

任何一门编程语言中，文件的输入输出、数据库的连接断开等，都是很常见的资源管理操作。但资源都是有限的，在程序运行时，必须保证这些资源在使用后得到释放，否则容易造成资源泄露，轻则导致系统处理缓慢，严重时会使系统崩溃。

例如，前面章节在介绍文件操作时，一直强调打开的文件最后一定要关闭，否则程序的运行会有意想不到的隐患。但是，即使使用 close()方法做好了关闭文件的操作，如果在打开文件或文件操作过程中抛出了异常，还是无法及时关闭文件。

在实际编码过程中，有些任务需要事先做一些设置，事后做一些清理，这时就需要使用with 语句。with 语句能方便地对这样的操作进行处理，最常用的例子就是对访问文件的处理。

根据前面学习的知识，可以将 Python 对文件的操作采用以下三种方式实现：

1）文件操作初级

访问文件资源时，一般这样处理：

```
f = open('D:/PyCharmCode/Chapter9/test.txt','r')
data = f.read()
f.close()
```

以上代码可能存在两个问题：一是在读写时出现异常而忘了异常处理；二是忘了关闭文件。

2）文件操作中级

文件操作的加强版本的示例：

```
f = open('D:/PyCharmCode/Chapter9/test.txt','r')
try:
    data = f.read()
finally:
    f.close()
```

以上代码的写法可以避免因读取文件时发生异常而没有关闭文件了，但是代码略长了一些。

3）文件操作高级

文件操作高级方法是使用 with 语句。示例如下：

```
with open('D:/PyCharmCode/Chapter9/test.txt','r') as f:
data = f.read()
```

运行后，with 后面接的对象返回的结果赋值给 f。在此例中，open()方法返回的文件对象赋值给 f；with 会自动获取上下文件的异常信息。

4）with 语句执行解析

with 语句的语法如下：

```
with context_expr() as var:
    dosomething()
```

当 with 语句执行时，便通过上下文表达式（context_expr）（一般为某个方法）来获得一个上下文对象。上下文对象的职责是提供一个上下文对象，用于在 with 语句块中处理细节。一旦获得了上下文对象，就会调用它的 __enter__()方法，完成 with 语句块执行前的所有准备工作，如果 with 语句后面跟了 as 语句，则用 __enter__()方法的返回值来赋值。当 with 语句块结束时，无论是正常结束，还是由于异常而结束，都会调用上下文对象的 __exit__()方法。__exit__()方法有 3 个参数，如果 with 语句正常结束，则 3 个参数全部都是 None；如果发生异常，则 3 个参数的值分别等于调用 sys.exc_info()函数返回的 3 个值：类型（异常类）、值（异常实例）和跟踪记录（traceback）。

上下文对象主要作用于共享资源，__enter__()方法和 __exit__()方法基本上完成的是分配和释放资源的低层次工作，如数据库连接、锁分配、信号量加/减、状态管理、文件打开/关闭、异常处理等。

9.4 PyCharm 调试方法与技巧

PyCharm 的代码调试（debug）功能非常强大，除了普通的断点调试，还可以通过扩展插件来实现在调试模式下与 IPython 交互。本节主要介绍利用 PyCharm 进行断点调试，以下对 PyCharm 程序调试的方法与技巧进行详细介绍。

1. 设置断点

PyCharm 提供了多种类型的断点，并设有特定图标。这里只介绍行断点，即标记了一行待挂起的代码。当在某一行设置断点之后，通过调试模式运行程序，程序会在断点处停止，并且在调试面板中输出变量、函数等信息。

在 PyCharm 中打开某个添加异常处理的计算平均成绩的程序，单击 PyCharm 编辑区域中序号和代码内容中间的区域，即可设置断点，如图 9-1 所示。取消断点的操作也很简单，在同样位置再次单击即可。

根据需要，可以设置多个断点，程序会按照代码执行的顺序进入断点。上一个断点检查完后，可以手动让程序继续执行，当到达下一个断点处，程序又将进入断点。

在项目代码较多时，如果想要选择性地让某些断点允许程序进入，而另一些新点希望程序暂时忽略，则可以在断点位置单击右键，在弹出的对话框中取消 Suspend 复选框，如图 9-2 所示。

```
1   import datetime
2   # 计算学生平均成绩
3   def mean_points(score=[],names=[]):
4       try:
5   ●       all_score = sum(score)
6           mean_score = all_score/len(names)
7           print("学生评价分是：%.2f"%mean_score)
8           for i in range(len(score)):
9               print("%s比平均分高：%d"%(names[i],score[i]-mean_score))
10      except ZeroDivisionError:
11          print("出现了0被除的情况，很可能是没有添加学生名字列表")
12      except BaseException as e:
13          print("出现了%s错误，请仔细检查"%e)
14      finally:
15          print("现在的时间是：%s"%datetime.datetime.today())
16  # 调用函数，开始计算
17  score = [78,92,71,81,89,68]
18  ● names = ['李宏超', '黄丽华', '赵钢洋', '李闯', '王俊南', '林楚楚']
19  mean_points(score, names)
20  mean_points(score)
21
```

图 9-1　设置断点

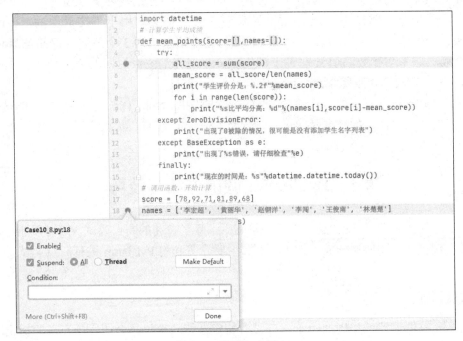

图 9-2　设置忽略断点

2. 进入调试模式界面

设置断点后，有三种方式进入调试模式。

方式 1：单击 PyCharm 页面中右上角的绿色的甲壳虫图标，可以使程序进入调试模式运行，如图 9-3 所示。

图 9-3　方式 1

方式 2：在菜单栏单击"Run"→"Debug"，或者按【Shift+F9】组合键，进入调试窗口，如图 9-4 所示。

方式 3：打开之前想调试的 .py 文件。单击右键，在弹出的快捷菜单中选择该文件对应的选项，如图 9-5 所示。

图 9-4　方式 2　　　　　　　　　　　　图 9-5　方式 3

当程序进入断点时，PyCharm 会出现调试模式界面，这个界面在整个页面的下方，如图 9-6 所示。

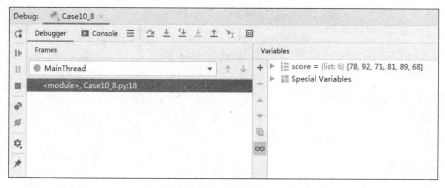

图 9-6　调试模式界面

在调试界面中，最左边有一列与正常运行模式相似的图标，也有暂停、停止、启动功能。在显示区域中有两个模块，一个模块是 Frames，另一个模块是 Variables。Frames 主要用于比较大型繁杂的系统，可以查看各个模块、类、方法的各种耦合结构；Variables 中主要显示的是变量的内容，包括类型、值等。

3. 查看变量信息

通过 Variables 模块中的信息，可以查看程序进入断点时所有变量的信息（包括变量当前的值或内容、变量的类型等），从中发现蛛丝马迹来最终确定程序崩溃的原因，如图 9-6 所示。

4. 基本调试操作

通常，根据调试的需要来控制程序执行的过程。调试操作的常用图标如图 9-7 所示。方框内的 6 个图标从左至右依次为 Step Over、Step Into、Step Into My Code、Force Step Into、Step Out、Run to Cursor。

图 9-7　调试操作的常用图标

Step Over：单步跳过，遇到方法就直接执行方法，然后进入下一步，不会进入方法内部。

Step Into：单步进入，若遇到方法且是自定义方法，则进入方法内部，否则不会进入。

Step Into My Code：单步进入，进入自定义方法，不进入系统方法。

Force Step Into：无论是系统方法还是自定义的方法，都会进入。

Step Out：单步跳出，跳出当前进入的方法，返回方法调用处的下一行。

Run to Cursor：执行到光标处，可以看作临时断点，程序运行到当前光标所在行暂停。

9.5　案例 28：成绩排序

获取源代码

本案例要求对 2018 级计算机 01 班 "Python 程序设计" 这门课程的成绩进行降序排序，核心算法采用程序员编写的冒泡排序算法。2018 级计算机 01 班共有 38 名同学，这 38 名同学的成绩存放在一个 CSV 文件中，排序后写入另一个 CSV 文件，并输出前 5 名同学的成绩。根据上述需求编写了程序，但是在实现冒泡排序算法时遇到了困难，程序运行出现了错误。

为了提高编程的效率，将以上任务分解为以下子任务：

子任务一：构造一个列表，初始化 10 名同学的成绩，调用冒泡排序算法排序。

子任务二：若子任务一已完成，就读出 txt 文件中的数据写入上面的列表，调用函数冒泡排序。

子任务三：将排序后的数据写入另一个 txt 文件，输出前 5 名同学的成绩。

在编写程序的过程中，为了验证程序结果的正确性，加上相应的断点，跟踪查看程序执行的中间数据，或者将中间有用的数据输出。

1. 完成子任务一

构造一个列表，初始化 10 名同学的成绩，调用冒泡排序算法排序。代码如下：

```
Case9_5.py
1    #冒泡降序排序
2    def bubble(list_score):
3        for i in range(len(list_score)-1):
4            for j in range(len(list_score)-i):
5                if list_score[j] < list_score[j + 1]:
6                    list_score[j],list_score[j + 1] = list_score[j + 1],list_score[j]
7        return list_score
8
9    #对学生成绩从高到低排序
```

```
10    student_scores = [79,91,88,63,74,93,82,72,89,69]
11    order_scores = bubble(student_scores)
12    print(order_scores)
```

冒泡排序输出结果如下：

```
Traceback (most recent call last):
    File "D:/PycharmCode/Chapter9/Case9_5.py",line 11,in <module>
        order_scores = bubble(student_scores)
    File "D:/PycharmCode/Chapter9/Case9_5.py",line 5,in bubble
        if list_score[j] < list_score[j + 1]:
IndexError: list index out of range
```

在案例中，代码所处的位置在"D:/PycharmCode/Chapter9/Case9_5.py"，输出结果第一行提示"程序出现异常，崩溃所追溯到的信息如下"。接下来就是详细的崩溃信息。程序异常发生在 Case9_5.py 的第 11 行，语句"order_scores= bubble(student_scores)"有错误并且该错误是由第 5 行的语句"if list_score[j] > list_score[j + 1]:"造成的，异常为索引超出了界限。

输出结果中倒数第一行和第二行为确切的引起程序崩溃的原因和精确位置，显然本例中直接导致崩溃的是语句"if list_score[j] < list_score[j + 1]:"，原因是索引越界，前面也提示"order_scores = bubble(student_scores)"有错误，这是由 Python 语句运行的顺序和耦合性造成的。上述崩溃信息的意思是：程序运行到这个函数时报错，然后追踪进入函数内部，发现有一行冒泡排序代码报错，形成一个"追踪"的链。

接下来，利用断点调试的方式，对程序进行调试，找出崩溃的原因并对程序进行修改、完善。由于崩溃原因是索引越界，因此应思考为什么会引起索引越界，通过代码调试来查看变量的变化情况，重点查看列表长度、列表索引值等变量，找出异常的具体原因。

调试步骤：

第 1 步，在直接找到异常的位置设置断点，也就是在程序的第 5 行的"if list_score[j] < list_score[j + 1]:"语句设置断点。

第 2 步，使用调试模式运行程序。

第 3 步，查看变量情况，使用【F9】键逐步进行调试。

第 4 步，找出异常原因。

首先，在第 5 行设置断点，运行调试模式，如图 9-8 所示。

图 9-8　运行调试模式

注意：在相应代码的最右边可以看到一些变量的值。例如，第 2 行，列表 list_score 的 10 个成绩值；第 3 行，i:0；第 4 行，j:0。继续按【F9】键运行到下一个断点处，逐步观察变量变化，这时第 3 行的 i 的值和第 4 行的 j 的值都发生变化。当循环到第 10 次时，调试状态如图 9-9 所示。

```
1    # 冒泡降序排序
2    def bubble(list_score):   list_score: [91, 88, 79, 74, 93, 82, 72, 89, 69, 63]
3        for i in range(len(list_score)-1):   i: 0
4            for j in range(len(list_score)-i):   j: 9
5                if list_score[j] < list_score[j + 1]:
6                    list_score[j], list_score[j + 1] = list_score[j + 1], list_score[j]
7        return list_score
8
9    # 对学生成绩从高到低排序
10   student_scores = [79, 91, 88, 63, 74, 93, 82, 72, 89, 69]
11   order_scores = bubble(student_scores)
12   print(order_scores)
13
```

图 9-9 单步代码调试

可以发现，这时的 i=0、j=9，由于第 5 行中有索引"list_score[j + 1]"，因此当 j=9 时，相当于 list_score 索引了第 10 个元素。但是列表的总长度为 10，最大的索引值只能是 9，于是越界了，问题就出现在这里。单击红色的正方形或者按【Ctrl+F2】组合键，即可停止调试。再一次考虑冒泡排序的逻辑，将第 4 行语句改成"for j in range(len(list_score)-i-1):"，然后运行程序，发现程序运行正常。正常运行程序后输出：

[93,91,89,88,82,79,74,72,69,63]

2. 完成子任务二

读出 txt 文件中的数据写入子任务一的列表。调用函数冒泡排序，38 名学生的成绩以空格区分，存放在当前目录的 student_score.txt 文件中，如图 9-10 所示。

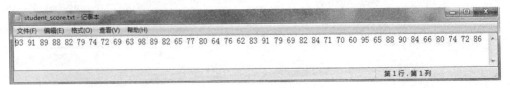

图 9-10 未排序的成绩

将 Case9_5.py 改写后的代码如下：

```
Case9_6.py
1    #冒泡降序排序
2    def bubble(list_score):
3        for i in range(len(list_score)-1):
4            for j in range(len(list_score)-i-1):
5                if list_score[j] < list_score[j + 1]:
6                    list_score[j],list_score[j + 1] = list_score[j + 1],list_score[j]
7        return list_score
```

```
8
9       student_score = []
10      #打开 txt 文件读入成绩
11      with open("student_score.txt","r") as file1:
12          content = file1.readline()
13      student_score = int(content)
14      #对学生成绩从高到低排序
15      order_scores = bubble(student_score)
16      print(order_scores)
```

其中，第 11～13 行是新增加的代码。运行结果如下：

```
Traceback (most recent call last):
    File "D:/PycharmCode/Chapter10/Case10_11.py",line 13,in <module>
      student_score = int(content)
ValueError: invalid literal for int() with base 10: '93 91 89 88 82 79 74 72 69 63 98 89 82 65 77 80 64 76 62 83
91 79 69 82 84 71 70 60 95 65 88 90 84 66 80 74 72 86'
```

结果提示在第 13 行出现了值错误"ValueError: invalid literal for int() with base 10:"，原因是从文本文件读出一个长长的字符串，无法通过 int()直接转换为数字。

为了更清晰地观察变量的值，在第 13 行添加一个断点，调试程序并观察变量的变化，如图 9-11 所示。

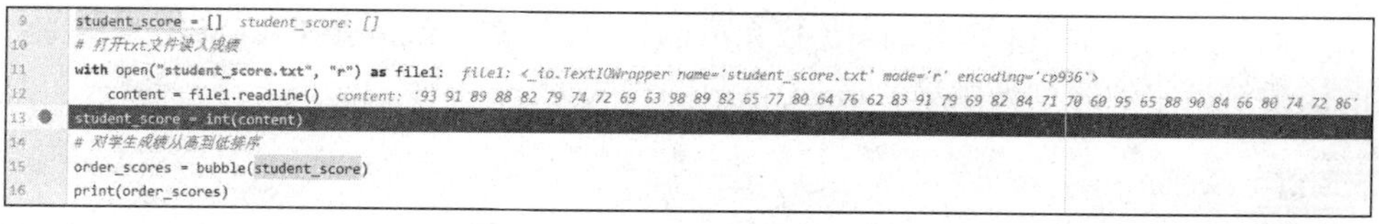

图 9-11　调试程序有观察变量

此外，从下方的 Variables 窗口也可以看到 content 为一个全是数字的长长的字符串，如图 9-12 所示。所以需要将字符串中的数字以空格为分隔符来截取个人成绩，然后转换为数字。

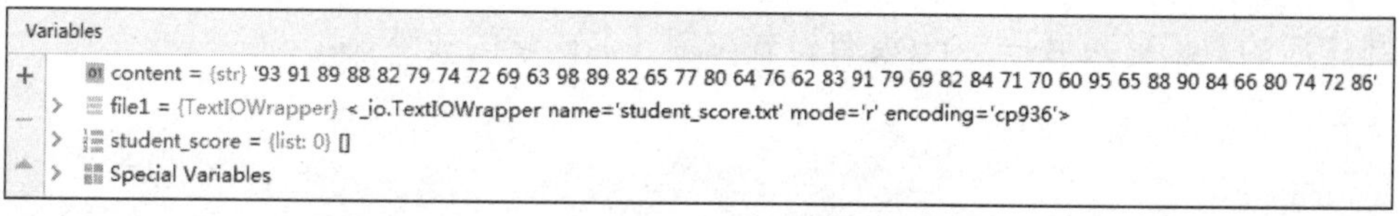

图 9-12　Variables 窗口变量的值

将 Case9_6.py 改写后的代码如下：

```
Case9_7.py
1       #冒泡降序排序
2       def bubble(list_score):
3           for i in range(len(list_score)-1):
```

```
4              for j in range(len(list_score)-i-1):
5                  if list_score[j] < list_score[j + 1]:
6                      list_score[j],list_score[j + 1] = list_score[j + 1],list_score[j]
7          return list_score
8
9      student_score = []
10     #打开 txt 文件读入成绩
11     with open("student_score.txt","r") as file1:
12         content = file1.readline()
13     #将读入的字符串转换为数字
14     score = map(int,content.split())
15     for i in score:
16         student_score.append(i)
17     #对学生成绩从高到低排序
18     order_scores = bubble(student_score)
19     print(order_scores)
```

其中，第 14～16 行是新增加的代码。运行结果如下：

[98,95,93,91,91,90,89,89,88,88,86,84,84,83,82,82,82,80,80,79,79,77,76,74,74,72,72,71,70,69,69,66,65,65,64,63,62,60]

可见，运行结果正确。以上代码使用了 map()内置函数。map 是 Python 内置函数，会根据提供的函数对指定的序列做映射。map()函数的格式如下：

map(function,iterable,…)

其中，第一个参数接受一个函数名；后面的参数接受一个（或多个）可迭代的序列，返回的是一个集合。把函数依次作用在序列中的每个元素上，得到一个新的序列并返回。注意，map()不改变原序列，而是返回一个新序列。

3. 完成子任务三

将排序后的数据写入另一个 txt 文件，输出前 5 名同学的成绩。
将 Case9_7.py 改写后的代码如下：

```
Case9_8.py
1      #冒泡降序排序
2      def bubble(list_score):
3          for i in range(len(list_score)-1):
4              for j in range(len(list_score)-i-1):
5                  if list_score[j] < list_score[j + 1]:
6                      list_score[j],list_score[j + 1] = list_score[j + 1],list_score[j]
7          return list_score
```

```
8
9    student_score = []
10   #打开 txt 文件读入成绩
11   with open("student_score.txt","r") as file1:
12       content = file1.readline()
13   #将读入的字符串转换为数字
14   score = map(int,content.split())
15   for i in score:
16       student_score.append(i)
17   #对学生成绩从高到低排序
18   order_scores = bubble(student_score)
19   #写成绩至 txt 文件
20   with open("order_score.txt","w") as file2:
21       for score in order_scores:
22           file2.write(str(score)+' ')
23   print(order_scores[0: 5])
```

其中，第 19～23 行是新增加的代码。运行结果如下：

```
[98,95,93,91,91]
```

程序输出了前 5 名同学的成绩，打开当前目录下的 order_score.txt 文件，如图 9-13 所示，结果表明已将 38 名同学的成绩降序排序。到此为止，完成了本案例中的三个子任务。

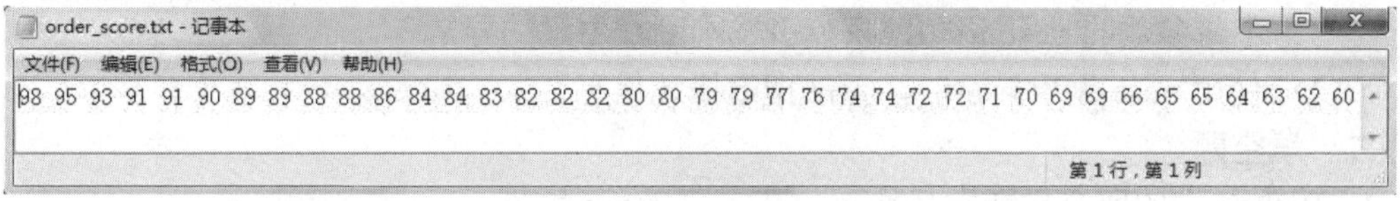

图 9-13　排序后的学生成绩

9.6　本 章 小 结

本章介绍了 Python 的异常处理机制和程序调试的方法和技巧，介绍了异常类、抛出和捕捉异常的处理方法，并以计算平均成绩和成绩排序两个案例详细介绍了 PyCharm 的程序调试的方法和技巧。

习 题

一、选择题

1. 下列程序运行以后，会产生如下（　　　　）异常。

```
b
```

A. SyntaxError　　　B. NameError　　　C. IndexError　　　D. KeyError

2. 下列错误信息中，（　　　　　）是异常对象的名字。

```
Traceback(most recent call last):
    File "D:/PycharmCode/Error.py",line 1, in<module>
        1/0
ZeroDivisionError:division by zero
```

    A. ZeroDivisionError　　　　　　　　B. NameError

    C. IndexError　　　　　　　　　　　　D. KeyError

3. 下列选项中，（　　　　）是唯一不在运行时发生的异常。

    A. ZeroDivisionError　　　　　　　　B. NameError

    C. SyntaxError　　　　　　　　　　　D. KeyError

4. 当 try 语句中没有任何错误信息时，一定不会执行（　　　）语句。

    A. try　　　　　　B. else　　　　　　C. finally　　　　　D. except

5. 在完整的异常语句中，语句出现的顺序正确的是（　　　　）。

    A. try→except→else→finally　　　　B. try→else→except→finaly

    C. try→except→finally→else　　　　D. try→else→else→except

6. 下列选项中，用于触发异常的是（　　　）。

    A. try　　　　　　B. catch　　　　　C. raise　　　　　D. except

7. 关于抛出异常的说法中，描述错误的是（　　　　）。

    A. 当 raise 指定异常的类名时，会隐式地创建异常类的实例

    B. 显式地创建异常类实例，可以使用 raise 直接引发

    C. 不带参数的 raise 语句，只能引发刚刚发生过的异常

    D. 使用 raise 抛出异常时，无法指定描述信息

二、填空题

1. Python 中的所有异常类都是（　　　　）的子类。

2. 当使用序列中不存在的（　　　　）时，会引发 IndexError 异常。

3. 一个 try 语句只能对应一个（　　　　）子句。

4. 当约束条件不满足时，（　　　　）语句会触发 AssertionError 异常。

5. 如果在没有（　　　　）的 try 语句中使用 else 语句，就会引发语法错误。。

三、判断题

1. 默认情况下，系统检测到错误后会终止程序。（　　　　　）

2. 在使用异常时，必须先导入 exceptions 模块。（　　　　　）

3. 一个 try 语句只能对应一个 except 子句。（　　　　　）

4. 如果 except 子句没有指明任何异常类型，则表示捕捉所有异常。（　　　　　）

5. 无论程序是否捕获到异常，一定会执行 finally 语句。（　　　　　）

6. 所有的 except 子句一定在 else 和 finally 的前面。（　　　　　）

四、编程题

1. 假设成年人的体重和身高存在此种关系：

$$身高（厘米）-100 = 标准体重（千克）$$

　　如果一个人的体重与其标准体重的差值在±5%之间，就显示"体重正常"，否则显示"体重超标"或者"体重不达标"。编写程序，能处理用户输入的异常，并使用自定义异常类来处理身高小于 30 cm、大于 250 cm 的异常情况。

　　2．录入一名学生的成绩，把该学生的成绩转换为"A 优秀、B 良好、C 合格、D 不及格"的形式，最后将学生的成绩输出。要求使用 assert 断言来处理分数不合理的情况。

第10章

科学计算和数据可视化

■ Python 拥有高质量的第三方模块，如 numpy 库、matplotlib 库等，这些模块得到了很多业界人士的肯定，并被广泛使用。科学计算和数据可视化是 Python 的一个重要发展方向。

■ Python 在科学计算库方面有着近乎完美的生态系统。numpy 库用来存储和处理大型矩阵，比 Python 自身的嵌套列表结构更加高效；matplotlib 库为 numpy 提供画图功能，可以绘出许多的图形，如线性图、直方图、散点图等。

■ 本章将 numpy 库应用于图像处理来实现图像手绘效果的完善，将 matplotlib 库应用于气温变化曲线和"三国群英传"人物能力值雷达图的绘制。

10.1 科 学 计 算

传统的科学计算主要基于矩阵运算，因为通过矩阵可以有效地组织、表达大量数值，科学计算领域著名的计算平台 MATLAB 就采用矩阵作为最基础的变量类型。一维矩阵是线性的，类似于列表；二维矩阵是表格状的，是常用的数据表示形式。科学计算与传统计算的一个显著区别在于：科学计算以矩阵而不是单一数值为基础，增加了计算密度，能够表达更为复杂的数据运算逻辑。

Python 凭借自身无可比拟的优势，被广泛应用到科学计算领域，并逐渐发展为该领域的主流语言。Python 本身的科学计算功能并不强，它需要安装一些第三方的扩展模块来增强它的能力，常用的第三方模块有 numpy 库和 matplotlib 库。

1. numpy 库

numpy 库是实现高性能科学计算和数据分析的基础模块。它的前身是由 Jim Hugunin 开发的 numeric 和 numarray，Travis Oliphant 于 2005 年将 numarray 的功能集成到 numeric 中，创建了 numpy。numpy 库具有开源、强大的特点，得到了广泛应用，也得到了许多开发者的贡献和支持。

numpy 库包含一个 ndarray 对象，该对象是一个具有矢量运算和复杂广播能力的多维数组，无须使用循环即可对整组数据进行快速运算。此外，numpy 库还提供一些其他模块，可以实现线性代数、随机数生成以及傅里叶变换等。

2. matplotlib 库

matplotlib 库是由 John D.Hunter 开发的一款强大的 Python 数据可视化绘图模块，他从事数据分析与可视化的工作多年，一直使用 MATLAB 工具编写程序。随着程序的难度越来越大，他发现了 MATLAB 的很多缺点，如数据库交互问题、复杂的数据结构等。然而，他未找到符合心意的工具，于是用 Python 编写了一个数据可视化模块，以弥补 MATLAB 的不足，matplotlib 由此诞生。

10.2　模块 9：numpy 库

10.2.1　numpy 库简介

numpy 库是 Python 中进行科学计算的基础包，提供多维数组对象、各种派生对象（如掩码数组和矩阵），以及用于数组快速操作的各种 API，包括数学、逻辑、形状操作、排序、选择、输入输出、离散傅立叶变换、基本线性代数、基本统计运算和随机模拟等。

numpy 库的核心是 ndarray 对象，它封装了 Python 原生的同数据类型的 n 维数组，为了保证其性能优良，许多操作都是代码在本地进行编译后执行的。

10.2.2　ndarray 数组对象

numpy 库处理的基础数据类型是由同种元素构成的多维数组（ndarray），简称"数组"。数组中所有元素的类型必须相同，数组中的元素可以用整数索引，序号从 0 开始。ndarray 类的维度（dimensions）叫作轴（axes），轴的个数叫作秩（rank）。一维数组的秩为 1，二维数组的秩为 2，二维数组相当于由两个一维数组构成。由于 numpy 库中的函数较多且命名容易与常用命名混淆，因此建议采用如下方式引用 numpy 库：

```
import numpy as np
```

其中，将 as 保留字与 import 组合使用能改变后续代码中库的命名空间，这样在程序的后续部分中可用 np 代替 numpy，有助于提高代码的可读性。

numpy 库常用的创建数组（ndarray 类型）函数有 8 个，如表 10-1 所示。

表 10-1　常用的创建数组函数

函数	功能
np.array([x,y,z],dtype= int)	从 Python 列表和元组创造数组
np.zeros(m,n)	创建一个 m 行 n 列且元素值均为 0 的数组
np.arange(x,y,i)	创建一个由 x 到 y，以 i 为步长的数组
np.linspace(x,y,n)	创建一个由 x 到 y，等分成 n 个元素的数组
np.indices((m,n))	创建一个 m 行 n 列的矩阵

函数	功能
np.random.rand(m,n)	创建一个 *m* 行 *n* 列且元素为随机值的数组
np.ones((m,n),dtype)	创建一个 *m* 行 *n* 列全 1 的数组，dtype 是数据类型
np.empty((m,n).dtype)	创建一个 *m* 行 *n* 列全 0 的数组，dtype 是数据类型

1. 使用 np.array()创建数组

numpy 默认 ndarray 的所有元素的类型相同，如果传进来的列表中包含不同类型的元素，则统一为同一类型，优先级为 str > float > int。代码如下：

```
import numpy as np
arr1 = np.array([1,2,3,4,5])              #创建一个一维数组
arr2 = np.array([[1,2,3],[4,5,6]])        #创建一个二维数组
print(arr1)
print(arr2)
```

运行结果如下：

```
[1 2 3 4 5]
[[1 2 3]
 [4 5 6]]
```

2. 使用 np 的函数创建数组

（1）创建一个 5 行 5 列、元素数值均为 1 的二维数组。代码如下：

```
import numpy as np
# np.ones(shape,dtype=None,order='C')
arr1 = np.ones(shape=(5,5),dtype=int)
print(arr1)
```

运行结果如下：

```
[[1 1 1 1 1]
 [1 1 1 1 1]
 [1 1 1 1 1]
 [1 1 1 1 1]
 [1 1 1 1 1]]
```

（2）创建一个 5 行 5 列、元素数值均为 0 的二维数组。代码如下：

```
import numpy as np
# np.zeros(shape,dtype=None,order='C')
arr1 = np.zeros((5,5))
```

```
print(arr1)
```

运行结果如下：

```
[[0.0.0.0.0.]
 [0.0.0.0.0.]
 [0.0.0.0.0.]
 [0.0.0.0.0.]
 [0.0.0.0.0.]]
```

（3）创建一个元素数值范围在 1 到 50、元素个数为 20 的一维数组。代码如下：

```
import numpy as np
# np.linspace(start,stop,num=50,endpoint=True,retstep=False,dtype=None)
arr1 = np.linspace(1,50,num=20)
print(arr1)
```

运行结果如下：

```
[1.          3.57894737   6.15789474   8.73684211 11.31578947 13.89473684
 16.47368421 19.05263158 21.63157895 24.21052632 26.78947368 29.36842105
 31.94736842 34.52631579 37.10526316 39.68421053 42.26315789 44.84210526
 47.42105263 50.          ]
```

（4）创建一个元素数值范围为 0 到 60、元素数值步长为 2 的一维数组。代码如下：

```
import numpy as np
# np.arange([start,]stop,[step,]dtype=None)
arr1 = np.arange(0,60,2)
print(arr1)
```

运行结果如下：

```
[ 0  2  4  6  8 10 12 14 16 18 20 22 24 26 28 30 32 34 36 38 40 42 44 46 48 50 52 54 56 58]
```

（5）生成一个 5 行 6 列的二维数组，每个元素的值是 0 到 100 的随机数。代码如下：

```
import numpy as np
# np.random.randint(low,high=None,size=None,dtype='l')
np.random.seed(1) # 使用 random.seed()方法固定随机性
arr1 = np.random.randint(0,100,size=(5,6))
print(arr1)
```

运行结果如下：

```
[[37 12 72  9 75  5]
 [79 64 16  1 76 71]
```

[6 25 50 20 18 84]

[11 28 29 14 50 68]

[87 87 94 96 86 13]]

3. ndarray 的属性

创建一个简单的数组后，就可以通过查看属性值来了解 ndarray 类的基本属性，如表 10-2 所示。

表 10-2　ndarray 类的基本属性

属性	功能
ndarray.ndim	数组轴的个数，也被称作秩
ndarray.shape	数组在每个维度上大小的整数元组
ndarray.size	数组元素的总个数
ndarray.dtype	数组元素的数据类型，dtype 类型可以用于创建数组
ndarray.itemsize	数组中每个元素的字节大小
ndarray.data	包含实际数组元素的缓冲区地址
ndarray.flat	数组元素的迭代器

在这些属性中，经常使用的参数为 ndim、shape、size 和 dtype。

图像是有规则的二维数据，可以用 numpy 库将图像转换成数组对象。以图像 Tiantan.jpg 为例，其放置在 D:\PycharmCode\Chapter10 目录下。代码如下：

```
from PIL import Image
import numpy as np
im=np.array(Image.open('D:\\PycharmCode\\Chapter10\\Tiantan.jpg'))
print(im.shape,im.dtype)
```

运行结果如下：

```
(2800,4216,3) uint8
```

图像转换对应的 ndarray 类型是三维数据，如（2800,4216,3）。其中，前两维表示图像的长度和宽度，单位是像素；第三维表示每个像素点的 RGB 值，每个 RGB 值是一个单字节整数。

10.2.3　numpy 基本操作

表 10-3 给出了 ndarray 类的形态操作方法，如改变和调换数组维度等。其中，flatten()函数用于数组降维，相当于平铺数组中的数据，该功能在矩阵运算及图像处理中经常使用。

表 10-3　ndarray 类的形态操作方法

方法	功能
ndarray.reshape(n,m)	不改变数组 ndarray，返回一个维度为（n,m）的数组
ndarray.resize(new_shape)	与 reshape()的作用相同，直接修改数组 ndarray

方法	功能
ndarray.swapaxes(ax1,ax2)	将数组 n 个维度中的任意两个维度进行调换
ndarray.flatten()	对数组进行降维，返回一个折叠后的一维数组
ndarray.ravel()	作用与 flatten() 相同，但是返回数组的一个视图

表 10-4 给出了 ndarray 类的索引和切片方法，数组切片对原始数组的所有修改都会直接影响到源数组。若要得到 ndarray 切片的一份副本，则需进行复制操作，如 arange[4:7] copy()。

表 10-4　ndarray 类的索引和切片方法

方法	功能
X[i]	索引第 i 个元素
X[-i]	从后向前索引第 i 个元素
X[n:m]	默认步长为1，从前往后索引，不包含 m
X[-n:-m]	默认步长为1，从后往前索引，结束位置为 n
X[n:m:i]	指定步长为 i 的由 n 到 m 的索引

注：X 为数组名。

1. 创建随机数组

例如，创建一个元素范围是 0 到 100、5 行 5 列的随机数组 arr。代码如下：

```python
import numpy as np
np.random.seed(1)
arr = np.random.randint(0,100,size=(5,5))
print(arr)
```

运行结果如下：

```
[[37 12 72  9 75]
 [ 5 79 64 16  1]
 [76 71  6 25 50]
 [20 18 84 11 28]
 [29 14 50 68 87]]
```

2. 索引

（1）根据索引查看元素。注意：索引从 0 开始计数。示例如下：

```python
print(arr[0][0])
```

运行结果如下：

```
37
```

（2）根据索引修改元素数值。示例如下：

```
arr[0][0] = 77
print(arr[0][0])
```

运行结果如下：

```
77
```

3. 切片

例如，获取二维数组前两行。代码如下：

```
print(arr[0:2])
```

运行结果如下：

```
[[37  12  72   9 75]
 [ 5  79  64  16   1]]
```

例如，获取二位数组前两列。代码如下：

```
print(arr[:,0:2])
```

运行结果如下：

```
[[37 12]
 [ 5 79]
 [76 71]
 [20 18]
 [29 14]]
```

4. 变形

例如，创建一个元素范围为 0 到 100、元素步长为 4 的一维数组，然后将一维数组变形成多维数组。代码如下：

```
import numpy as np
arr1 = np.arange(0,100,4)
arr2 = arr1.reshape((-1,5))
print(arr2)
```

运行结果如下：

```
[[  0   4   8  12   16]
 [ 20  24  28  32   36]
 [ 40  44  48  52   56]
 [ 60  64  68  72   76]
 [ 80  84  88  92   96]]
```

10.2.4　numpy 聚合操作

除了 ndarray 类型方法外，numpy 库还提供了一些运算函数。表 10-5 列出了 numpy 库的算术运算函数。这些函数中，输出参数 y 是可选项，如果没有指定，将创建并返回一个新的数组来保存计算结果；如果指定参数，则将结果保存到参数中。例如，两个数组相加可以简单地写为 a+b，而 np.add(a,b,a)则表示 a+=b。

表 10-5　numpy 库的算术运算函数

函数	功能
np.add(x1,x2[,y])	y=x1+x2
np.subtract(x1,x2[,y])	y=x1−x2
np.multiply(x1,x2[,y])	y=x1*x2
np.divide(x1,x2[,y])	y=x1/x2
np.floor_divide(x1,x2[,y])	y=x1 // x2,返回值取整
np.negative(x[,y])	y=−x
np.power(x1,x2[,y])	y=x1**x2
np.remainder(x1,x2[,y])	y=x1%x2

表 10-6 列出了 numpy 库的比较运算函数。

表 10-6　numpy 库的比较运算函数

函数	功能
np. equal(x1,x2 [,y])	y=x1==x2
np.not_equal(x1,x2[,y])	y=x1!=x2
np. less(x1,x2,[,y])	y=x1<x2
np. less_equal(xl,x2[,y])	y=x1<=x2
np. greater(x1,x2[,y])	y=x1>x2
np. greater_equal(xl,x2[,y])	y=x1>=x2
np.where(condition,x,y])	根据给定条件来判断输出 x 还是 y

numpy 还有其他有趣且操作方便的函数，如表 10-7 所示。

表 10-7　numpy 库的其他运算函数

函数	功能
np.abs(x)	计算基于元素的整型、浮点或复数的绝对值
np.sqrt(x)	计算每个元素的平方根
np. square(x)	计算每个元素的平方
np.sign(x)	计算每个元素的符号：1（+）、0、−1（−）
np. ceil(x)	计算大于或等于每个元素的最小值
np.floor(x)	计算小于或等于每个元素的最大值
np.rint(x[,out])	圆整，取每个元素最近的整数，保留数据类型
np,exp(x[,out])	计算每个元素的指数值
np. log(x)、np.log10(x)、np.log2(x)	计算自然对数（e），基于 10、2 的对数

10.3 numpy 处理图像

10.3.1 图像的数组转换

8.9.5 节使用 PIL 获取了 Tiantan.jpg 的轮廓效果，虽然提取了轮廓，但这个轮廓缺少立体感，视觉效果不够丰满。本节将采用 numpy 对图像进行转换，增加深浅层次变化，利用光线照射使立体物出现明暗变化，从而使图像轮廓更富有立体感、空间感和色泽感，接近手绘效果。

PIL 包含图像转换函数 convert()，能用于改变图像单个像素的表示形式。例如，使用 convert()函数的 L 模式，可将像素从 RGB 的 3 字节形式转变为单一数值形式，数值范围为 0~255，表示灰度色彩变化。此时，图像从彩色变为带有灰度的黑白色。转换后，图像的 ndarray 类型变为二维数据，每个像素点色彩只由一个整数表示。代码如下：

```
from PIL import Image
import numpy as np
im = np.array(Image.open('D:\\PycharmCode\\Chapter11\\Tiantan.jpg').convert('L'))
print(im.shape,im.dtype)
```

运行结果如下：

```
(2800,4216) uint8
```

通过对图像进行数组转换，就可以访问图像上的任意像素值，如获取位于坐标（300,200）的颜色值或获取图像中最大的、最小的像素值。此外，还可以采用切片方式来获取指定行（或列）的元素值，甚至修改这些值，代码如下：

```
print(im[300,200])
print(int(im.min()),int(im.max()))
print(im[20,:])
```

运行结果如下：

```
35
0 255
[39 40 40 … 87 83 84]
```

将图像读入 ndarray 数组对象后，可以通过任意数学操作来获取相应的图像变换。以灰度变换为例，可分别对灰度变化后的图像进行反变换、区间变化和像素值平方处理。需要注意的是，有些数学变换会改变图像的数据类型，如转换成整型等。因此，在重新生成 PIL 图像前，要将数据类型通过 numpy.uint()转换成整型。

以下通过 Case10_1.py 为例进行说明。代码如下：

```
Case10_1.py
from PIL import Image
import numpy as np
im1 = np.array(Image.open('D:\\PycharmCode\\Chapter10\\Tiantan.jpg').convert('L'))
im2 = (100/255)*im1 + 100          #区间变换
im3 = 255*(im2/255)**2             #像素平方处理
pil_im2 = Image.fromarray(np.uint(im2))
pil_im2.show()
pil_im3 = Image.fromarray(np.uint(im3))
pil_im3.show()
```

由于图像的分辨率比较大，所以需要一段时间来处理图像。经过数组运算后的图像如图 10-1、图 10-2 所示。

图 10-1　区间变换效果

图 10-2　像素平方处理效果

10.3.2 案例 29：图像的手绘效果

8.9.5 节介绍了 ImageFilter 模块的滤镜方法，通常采用 ImageFilter.CONTOUR 滤镜来获得铅笔画风格图像，它能够将图像的轮廓信息提取出来，但这样获得的轮廓图像缺乏立体感，我们希望达到逼真的手绘效果。为了实现手绘风格（即黑白轮廓描绘），就需要读取原图像的明暗变化，即灰度值。从直观视觉感受来定义，图像灰度值显著变化的地方就是梯度，它描述了图像灰度变化的强度。通常可以用梯度计算来提取图像轮廓，numpy 库提供了直接获取灰度图像梯度的函数 gradient()，只要传入图像数组表示，就可以返回代表 *x*、*y* 方向上梯度变化的二维元组。图像手绘效果代码如 Case10_2.py 所示，为了统计图像处理的真实时间，使用 time 库中的 time.clock() 函数来计算图像处理的时间。

代码如下：

```
Case10_2.py
1    """
2          案例：图像的手绘效果
3          技术：numpy、PIL 模块，读取图像灰度值
4          日期：2020-03-28
5    """
6    #导入模块
7    from PIL import Image
8    import numpy as np
9    import time
10   start = time.clock()
11   a = np.asarray(Image.open('Tiantan.jpg').convert('L')).astype('float')
12   depth = 20.
13   grad = np.gradient(a)                      #取图像灰度的梯度值
14   grad_x,grad_y=grad                         #取横纵图像梯度值
15   grad_x = grad_x*depth/100.
16   grad_y = grad_y*depth/100.
17   A = np.sqrt(grad_x**2+grad_y**2+1.)
18   uni_x = grad_x/A
19   uni_y = grad_y/A
20   uni_z = 1./A
21   vec_el = np.pi/2.2                          #光源的俯视角度转化为弧度值
22   vec_az = np.pi/4.                           #光源的方位角度转化为弧度值
23   dx = np.cos(vec_el)*np.cos(vec_az)          #光源对 x 轴的影响
24   dy = np.cos(vec_el)*np.sin(vec_az)
25   dz = np.sin(vec_el)
26   b = 255*(dx*uni_x+dy*uni_y+dz*uni_z)        #光源归一化，把梯度转化为灰度
```

```
27      b = b.clip(0,255)                          #避免数据越界，将生成的灰度值裁剪至 0～255
28      im = Image.fromarray(b.astype('uint8'))    #图像重构
29      im.save('Tiantan2.jpg')
30      end = time.clock()
31      print("图像处理时间为%f 秒"%(end-start))
```

运行结果如下：

图像处理时间为 10.245474 秒

　　处理后的图像如图 10-3 所示，与 8.9.5 节的滤镜处理（图 8-22）相比，效果更加具有真实感和立体感。

图 10-3　图像手绘效果

代码分析：

　　图像的手绘效果处理方法是利用图像像素之间的梯度值来重构每个像素值。处理图像时，为了体现光照效果，必须设计一个合适的光源，建立光源对各点梯度值的影响函数，从而运算出新的像素值，体现边界点灰度的变化。

　　为了更好地体现立体感，增加一个 z 方向梯度值，并给 x 和 y 方向的梯度值赋予权值 depth。在利用梯度重构图像时，对应不同的梯度取 0～255 之间不同的灰度值，depth 的作用在于调节该对应关系。当 depth 较小时，图像背景区域接近白色，画面显示轮廓描绘；当 depth 较大时，图像画面灰度值较深，近似于浮雕效果。这种坐标空间变化相当于给物体加上一个虚拟光源，根据灰度值大小来模拟各部分相对于人视角的远近程度，使画面显得有"深度"，光源相对于图像的俯视角为 Elevation、方位角为 Azimuth。

　　通过 np.gradient() 函数计算得到的图像梯度值可作为新色彩计算的基础。为了更直观地进行计算，可以把角度对应的柱坐标转化为 xyz 立体坐标系。代码中的 dx、dy、dz 是像素点在施加模拟光源后在 x、y、z 方向上明暗度变化的加权向量。

　　A 是梯度幅值，也是梯度大小。将各个方向上的总梯度除以幅值，可得到每个像素单元的梯度值。然后，利用每个单元的梯度值和方向加权向量来合成灰度值；clip() 函数用于预防溢出，并归一化到 0～255 区间。最后，从数组中恢复图像并保存。

10.4　模块 10：matplotlib 库

数据可视化是指将大量数据集中的数据以图形图像的形式表示，并利用数据分析工具来发现其中未知信息的处理过程。matplotlib 是 Python 比较底层的可视化库，其可定制性强、图表资源丰富、简单易用，能达到印刷要求。其他可视化库包括 seaborn、pyecharts、ggplot、plotnine、holoviews、basemap、altair、pyqtgraph、pygal、vispy、networkx、plotly、bokeh、geoplotlib、folium、gleam、vincent、mpld3、python-igraph、missingno、mayavi2、leather 等。

10.4.1　matplotlib 库简介

如图 10-4 所示，matplotlib 库的三层结构包括容器层、辅助显示层和图像层。

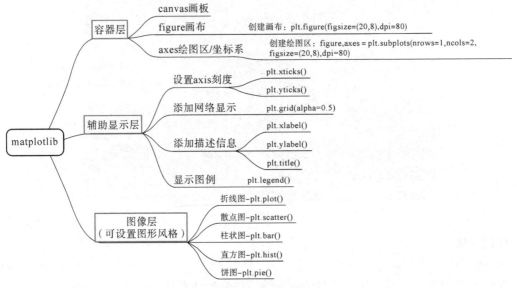

图 10-4　matplotlib 库的三层结构

matplotlib 库由一系列有组织、有隶属关系的对象构成，这对于基础绘图操作来说显得过于复杂。因此，matplotlib 库提供了一套快捷命令式的绘图接口函数，即子模块 pyplot。pyplot 将绘图所需的对象构建过程封装在函数中，对用户提供了更加友好的接口。引用方式如下：

```
import matplotlib.pyplot as plt
```

上述语句与 "import matplotlib.pyplot" 的意义一致。as 保留字与 import 一起使用，能够改变后续代码中库的命名空间，有助于提高代码可读性。在后续程序中，plt 将代替 matplotlib.pyplot。

为了在 matplotlib.pyplot 中正确显示中文字体，就必须设置其字体。字体是计算机显示字符的方式，均由人工设计，并采用字体库方式部署在计算机中。西文字体和中文字体都有很多种类，表 10-8 给出了常用的几种中文字体及其英文表示。需要注意，部分字体无法在 matplotlib

库中使用。

表 10-8　常用字体名称的中英文对照

字体名称	字体英文表示
黑体	SimHei
楷体	KaiTi
宋体	SimSun
幼圆	YouYuan
仿宋	FangSong
隶书	LiSu
华文宋体	STSong
华文黑体	STHeiti
微软雅黑	Microsoft YaHei

为了正确显示字体，可采用更改默认设置。示例如下：

```
import matplotlib.pyplot as plt
plt.rcParams['font.family'] = 'SimHei'
plt.rcParams['font.sans-serif'] =['SimHei']
```

10.4.2　pyplot 绘图区域函数

pyplot 模块中有一个默认的绘图区域，在此之后绘制的所有图像将展示到当前的图区域。该模块还提供了一些与绘图区域相关的函数，这些函数可以对绘图区域执行一些操作，如表 10-9 所示。

表 10-9　pyplot 模块的绘图区域函数

函数	功能
plt.figure(figsize=None,facecolor=None)	创建一个全局绘图区域
plt.axes(rect,axisbg='w')	创建一个坐标系风格的子绘图区域
plt.subplot(nrows,ncols,plot_number)	在全局绘图区域创建一个子绘图区
plt.subplots_adjust()	调整子绘图区域的布局

通过 figure()函数可以创建一个 figure 类对象，该对象代表新的绘图区域。figure()函数的基本语法格式如下：

```
figure(num=None,figsize=None,dpiNone,facecolor=None,edge color=None,frameon=True, clear=False,**kwargs)
```

其中，figsize 参数用于指定绘图区域的尺寸，宽度和高度均以英寸为单位；facecolor 参数用于设置绘图区域的背景颜色。例如，绘制一个尺寸为 8×5 的灰色绘图区域，代码如下：

```
import matplotlib.pyplot as plt
plt.figure(figsize=(8,5),facecolor='gray')
plt.show()
```

此时显示的绘图区域如图 10-5 所示。

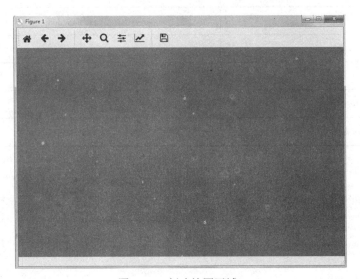

图 10-5　创建绘图区域

figure 类对象允许将整个绘图区域划分为若干个子绘图区域，每个子绘图区城中都包含一个 axes 对象，该对象有属于自己的坐标系。使用 axes()函数，可以创建一个 axes 对象，该函数的语法格式如下：

```
axes(rect,projection=None,facecolor='shite',**kwargs)
```

其中，rect 参数表示坐标系与整个绘图区域的关系，它的取值可以为[left,bottom,width, height]，其中变量 left、bottom、width 和 height 的取值范围都为[0,1]；projection 参数表示坐标轴的投影类型；facecolor 参数代表背景色，默认为 white。例如，在当前绘图区域添加一个背景为白色的坐标系，代码如下：

```
import matplotlib.pyplot as plt
plt.figure(figsize=(8,5),facecolor='white')
plt.axes([0.1,0.4,0.8,0.4])
plt.show()
```

运行结果如图 10-6 所示。

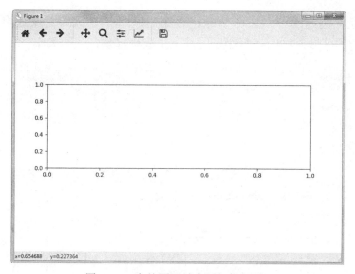

图 10-6　在绘图区域中添加坐标系

subplot(nrows,ncols,index)函数会将整个绘图区域等分为 nrows（行）×ncols（列）的矩阵区域，并按照先行后列的计数方式对每个子区域进行编号，编号默认从 1 开始，之后在 index 的位置上生成一个坐标系。例如，以下代码将整个绘图区域分割成 3×2 的网络，在第 4 个位置绘制了一个坐标系。

```
import matplotlib.pyplot as plt
plt.figure(figsize=(8,5),facecolor='white')
plt.subplot(3,2,4)
plt.show()
```

运行结果如图 10-7 所示。

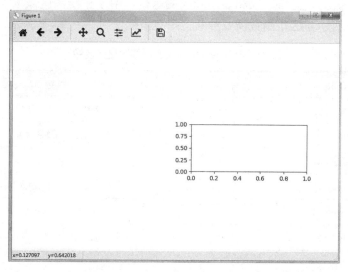

图 10-7　在子区域 4 上绘制坐标系

subplots(nrows,ncols,index)函数可以一次性生成多个坐标系，该函数会返回一个包含两个元素的元组，其中第 1 个元素为 figure 对象，第 2 个元素为 axes 对象或 axes 对象数组。若创建的是单个坐标系，则返回一个 axes 对象；否则，返回一个 axes 对象数组。例如，将绘图区域划分为 2×2 的子区域，同时在每个子区域上生成坐标系，代码如下：

```
import matplotlib.pyplot as plt
plt.subplots(2,2)
plt.show()
```

运行结果如图 10-8 所示。

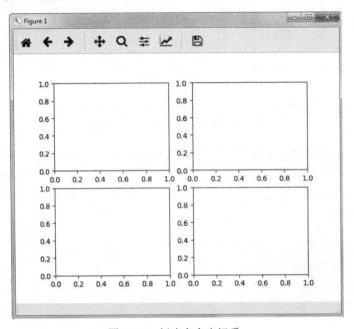

图 10-8　创建多个坐标系

pyplot 模块提供了一组与读取和显示相关的函数，用于在绘图区域增加显示内容及读入数据，如表 10-10 所示。这些函数需要与其他函数搭配使用。

表 10-10　pyplot 模块的读取和显示函数

函数	功能
plt.legend()	在绘图区域放置绘图标签
plt.show()	显示创建的绘图对象
plt.matshow()	在窗口显示数组矩阵
plt.imshow()	在 axes 上显示图像
plt.imsave()	保存数组为图像文件
plt.imread()	从图像文件中读取数组

10.4.3　pyplot 常用图表绘制函数

pyplot 模块提供了用于绘制常用图表的函数，如表 10-11 所示。

表 10-11 pyplot 模块的常用图表函数

函数	功能
plt.plot(x,y,label,color,width)	根据 x、y 数组绘制直、曲线
plt.boxplot(data,notch,position)	绘制一个箱型图（Box-plot）
plt.bar(left,height,width,bottom)	绘制一个条形图
plt.barh(bottom,width,height,left)	绘制一个横向条形图
plt.polar(theta,r)	绘制极坐标图
plt.pie(data,explode)	绘制饼图
plt.psd(x,NFFT=256,pad_to,Fs)	绘制功率谱密度图
plt.specgram(x,NFFT=256,pad_to,F)	绘制谱图
plt.cohere(x,y,NFFT=256,Fs)	绘制 x-y 的相关性函数
plt.scatter()	绘制散点图（x、y 是长度相同的序列）
plt.step(x,y,where)	绘制步阶图
plt.hist(x,bins,normed)	绘制直方图
plt.contour(x,y,z,n)	绘制等值线
plt.vlines()	绘制垂直线
plt.stem(x,y,linen,markert,basefmt)	绘制曲线每个点到水平轴线的垂线
plt.plot_date()	绘制数据日期
plt.plotfile()	绘制数据后写入文件

plot()函数是用于绘制直线的最基础函数，调用方式很灵活，其语法格式如下：

```
plot(x,y,label,color,width)
```

其中，x 和 y 可以是 numpy 计算出的数组，并用关键字参数指定各种属性；label 参数表示设置标签并在图例（legend）中显示；color 参数表示曲线的颜色；linewidth 参数表示曲线的宽度。如果在字符串前后添加"$"符号，matplotlib 将使用其内置的 latex 引擎来绘制数学公式。

表 10-12～表 10-14 分别列举了控制线条的常用颜色、风格和标记。

表 10-12 pyplot 模块的常用颜色

颜色值	说明
"w"	白色
"k"	黑色
"r"	红色
"b"	蓝色
"m"	品红
"y"	黄色
"g"	绿色
"c"	青色

表 10-13　pyplot 模块的常用风格

风格值	说明
"-"	实线
"--"	虚线
"-."	点划线
":"	点线

表 10-14　pyplot 模块的常用标记

标记值	说明
"."	点
","	像素
"o"	实心圆圈
"^"	正三角形
"v"	倒三角形
">"	一角朝右的三角形
"<"	一角朝左的三角形
"1"	下花三角标记
"2"	上花三角标记
"3"	左花三角标记
"4"	右花三角标记
"s"	实心方形
"p"	五边形
"h"	六边形 1
"H"	六边形 2
"*"	星形
"x"	x 标记
"D"	菱形
"d"	瘦菱形
"+"	加号

绘制图表时，还可以设置坐标系标签的相关信息，如图表的标题、坐标名称、坐标刻度等，表 10-15 列出了设置坐标系标签的相关函数。

表 10-15　标签设置函数

函数	功能
plt.figlegend(handles,label,loc)	为全局绘图区域放置图注
plt.legend()	为当前坐标图放置图注

函数	功能
plt.xlabel(s)	设置当前 x 轴的标签
plt.ylabel(s)	设置当前 y 轴的标签
plt.xticks(array,'a,'b,'c)	设置当前 x 轴刻度位置的标签和值
plt.yticks(array,'a','b,c)	设置当前 y 轴刻度位置的标签和值
plt.clabel(cs,v)	为等值线图设置标签
plt.get_figlabels()	返回当前绘图区域的标签列表
plt.figtext(x,y,s,fontdic)	为全局绘图区域添加文字
plt.title()	设置标题
plt.suptitle()	当前绘图区域添加中心标题
plt.text(x,y,s,fontdic,withdash)	为坐标图轴添加注释
plt.annotate(note,xy,xytext,xycoords,textcoord,arrowprops)	用箭头在指定数据点创建一个注释或一段文本

pyplot 模块有两个坐标体系 —— 图像坐标、数据坐标。图像坐标将图像所在区域的左下角视为原点，将 x 方向和 y 方向的长度设定为 1。整体绘图区域有一个图像坐标，每个 axes() 函数和 subplot() 函数产生的子图也有属于自己的图像坐标。axes() 函数的参数 rect 指当前产生的子区域相对于整个绘图区域的图像坐标。数据坐标以当前绘图区域的坐标轴为参考，显示每个数据点的相对位置，这与坐标系里标记的数据点一致。pyplot 模块的坐标轴设置相关函数如表 10-16 所示。

表 10-16　pyplot 模块的坐标轴设置相关函数

函数	功能
plt.axis('v','off','equal','scaled','tight','image')	获取设置轴属性的快捷方法
plt.xlim(xmin,xmax)	设置当前 x 轴的取值范围
plt.ylim(ymin,ymax)	设置当前 y 轴的取值范围
plt.xscale()	设置 x 轴缩放
pit.yscale()	设置 y 轴缩放
plt.autoscale()	自动缩放轴视图的数据
plt.text(x,y,s,fontdic,withdash)	为 axes 图轴添加注释
plt.thetagrids(angles,labels,fmt,frac)	设置极坐标网格 theta 的位置
plt.grid(on/off)	打开或者关闭坐标网格

1. 绘制折线图

绘制折线图的代码如下：

```
Case10_3.py
import matplotlib
import matplotlib.pyplot as plt
```

```
plt.rcParams['font.family'] = 'SimHei'
plt.rcParams['font.sans-serif'] = ['SimHei']
x1 = [1,2,3]
y1 = [5,7,4]
x2 = [1,2,3]
y2 = [10,14,12]
plt.plot(x1,y1,label='第一条线',color='g')
plt.plot(x2,y2,label='第二条线',color='r')
plt.xlabel('X')
plt.ylabel('Y')
plt.title('折线图')
plt.legend()
plt.show()
```

运行结果如图 10-9 所示。

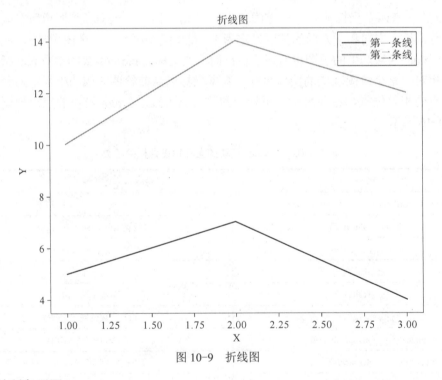

图 10-9　折线图

2. 绘制条形图

绘制条形图的代码如下：

```
Case10_4.py
import matplotlib
import matplotlib.pyplot as plt
plt.rcParams['font.family'] = 'SimHei'
```

```
plt.rcParams['font.sans-serif'] = ['SimHei']
plt.bar([1,3,5,7,9],[5,2,7,8,2],label="实例 1",color='b')
plt.bar([2,4,6,8,10],[8,6,2,5,6],label=" 实例 2",color='g')
plt.legend()
plt.xlabel('X')
plt.ylabel('Y')
plt.title('条形图')
plt.show()
```

运行结果如图 10-10 所示。

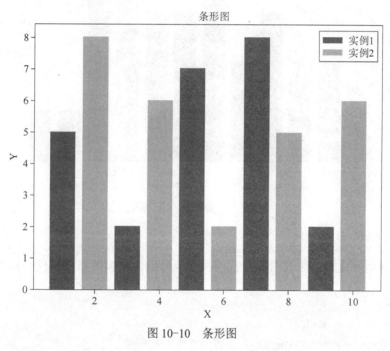

图 10-10　条形图

3.　绘制直方图

直方图非常像条形图，通过将区段组合在一起来显示分布。例如，统计各阶段年龄的人数并进行显示，其中横轴为年龄，纵轴为人数，代码如下：

```
Case10_5.py
import matplotlib.pyplot as plt
plt.rcParams['font.family'] = 'SimHei'
plt.rcParams['font.sans-serif'] = ['SimHei']
population_ages = [7,16,19,22,55,62,45,21,22,34,42,42,4,79,38,55,49,82,102,88,76,69,84,78,89,95,80,75,65,54,44]
bins = [0,10,20,30,40,50,60,70,80,90,100,110]
plt.hist(population_ages,bins,histtype='bar',rwidth=0.8)
plt.xlabel('年龄')
plt.ylabel('人数')
plt.title('年龄分布直方图')
```

```
plt.legend()
plt.show()
```

运行结果如图 10-11 所示。

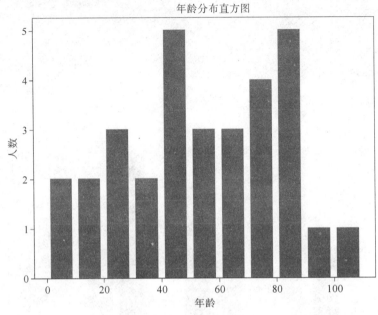

图 10-11　年龄分布直方图

4. 绘制散点图

散点图通常用于比较两个变量来寻找相关性或分组。绘制散点图的代码如下：

```
Case10_6.py
import matplotlib.pyplot as plt
plt.rcParams['font.family'] = 'SimHei'
plt.rcParams['font.sans-serif'] = ['SimHei']
x = [1,2,3,4,5,6,7,8,9]
y = [6,2,3,2,1,7,5,2,3]
plt.scatter(x,y,label='skitscat',color='k',s=25,marker="o")
plt.xlabel('X')
plt.ylabel('Y')
plt.title('散点图')
plt.legend()
plt.show()
```

运行结果如图 10-12 所示。

5. 绘制饼图

饼图用于显示部分对于整体的情况，通常以％为单位，matplotlib 会完成切片大小及相关

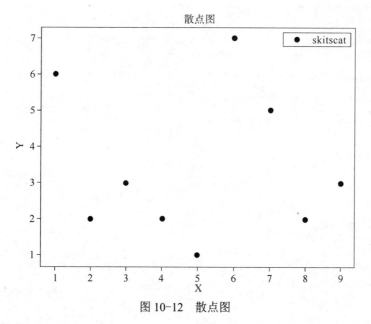

图 10-12　散点图

绘制，我们只需要提供数值。

pie 函数参数定义如下：

> plt.pie(x,explode=None,labels=None,colors=None,autopct=None,pctdistance=0.6,shadow=False,labeldistance= 1.1,startangle= None,radius=None,counterclock=True,wedgeprops=None,textprops=None,center=(0,0), frame=False)

- x：指定绘图的数据。
- explode：指定饼图某些部分的突出显示，即呈现爆炸式。
- labels：为饼图添加标签说明，类似于图例说明。
- colors：指定饼图的填充色。
- autopct：设置百分比格式，如 '%.1f%%' 为保留一位小数。
- pctdistance：设置百分比标签与圆心的距离。
- shadow：是否添加饼图的阴影效果。
- labeldistance：设置各扇形标签（图例）与圆心的距离。
- startangle：设置饼图的初始摆放角度，若设置为 180，则表示水平。
- radius：设置饼图的半径大小。
- counterclock：是否让饼图按逆时针顺序呈现，值为 True、False。
- wedgeprops：设置饼图内外边界的属性（如边界线的粗细、颜色等），如"wedgeprops = {'linewidth': 1.5,'edgecolor':'green'}"。
- textprops：设置饼图中文本的属性，如字体大小、颜色等。
- center：指定饼图的中心点位置，默认为原点。
- frame：设置是否显示饼图后的图框，如果设置为 True，则需要同时控制图框 x 轴、y 轴的范围和饼图的中心位置。

根据以上定义，绘制一个人的时间安排饼图，代码如下：

```
Case10_7.py
import matplotlib.pyplot as plt
plt.rcParams['font.family'] = 'SimHei'
plt.rcParams['font.sans-serif'] = ['SimHei']
slices = [2,7,9,4,1]
activities = ['吃饭','睡觉','工作','休息','锻炼']
cols = ['y','m','r','c','g']
plt.pie(slices,
        labels=activities,
        colors=cols,
        startangle=180,
        shadow= True,
        explode=(0,0,0.1,0,0),
        autopct='%1.1f%%')
plt.title('时间分配饼图')
plt.show()
```

运行结果如图 10-13 所示。

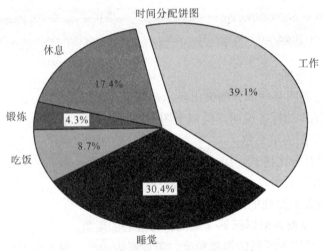

图 10-13 时间分配饼图

获取源代码

10.4.4 案例 30：气温变化曲线的绘制

以下案例采用 matplotlib 来绘制 2016 年北京市最高气温和最低气温折线图。首先需要找到原始数据。这里使用的天气数据来自 https://www.wunderground.com/，获取的是北京市 2016 年全年的气温数据，以此来绘制全年的气温变化图，并将数据转存成 beijing_2016.csv 备用。

为了正确读取 CSV 文件中的数据，就必须知道 CSV 文件中的数据格式。用 Excel 打开 CSV 文件，可以看到表中有若干个字段存储了相关气象数据，如图 10-14 所示。

	A	B	C	D	E	F	G	H	I	J	K	L	M	N	O	P	Q	R	S	T	U
1	date_akd	high_temp	avg_temp_	low_temp_	high_dew_	avg_dew_p	low_dew_p	high_humi	avg_humic	low_humic	high_sea_	avg_sea_l	low_sea_l	high_visi	avg_visit	low_visit	high_winc	avg_wind_	high_winc	sum_preci	events
2	2016/1/1	41	30	19	23	18	14	86	68	25	30.36	30.23	30.12	4	3	1	9	3	-	0	
3	2016/1/2	46	34	21	25	21	18	93	72	25	30.17	30.12	30.06	3	2	0	7	3	-	0	Fog
4	2016/1/3	38	30	21	28	23	18	100	80	31	30.32	30.21	30.15	4	2	0	7	3	-	0	Fog
5	2016/1/4	35	28	21	24	7	-3	97	42	10	30.48	30.42	30.3	17	8	0	16	7	27	0	Fog
6	2016/1/5	35	25	12	7	-1	-8	67	33	9	30.48	30.44	30.33	19	10	2	18	11	25	0	
7	2016/1/6	39	26	12	10	2	-3	73	38	8	30.57	30.45	30.39	15	10	1	20	9	29	0	
8	2016/1/7	34	24	14	3	1	-3	53	33	10	30.6	30.47	30.36	19	16	10	20	12	31	0	
9	2016/1/8	35	24	14	7	2	-2	63	37	9	30.42	30.35	30.3	19	8	1	13	8	-	0	
10	2016/1/9	41	26	12	11	6	2	73	46	10	30.32	30.27	30.21	9	3	1	9	4	-	0	
11	########	35	24	14	11	4	-6	68	40	11	30.6	30.44	30.3	12	5	1	11	4	-	0	
12	########	30	21	12	0	-3	-10	57	33	7	30.69	30.61	30.54	19	17	14	16	9	25	0	
13	########	31	18	5	-2	-6	-12	61	32	6	30.63	30.49	30.36	19	14	6	22	11	31	0	
14	########	37	26	15	1	-7	-13	49	24	8	30.36	30.25	30.18	15	7	1	20	11	29	0	
15	########	41	26	12	9	1	-7	73	36	5	30.21	30.14	30.06	5	3	1	20	4	29	0	
16	########	41	28	14	25	7	0	86	45	9	30.14	30.07	30.01	5	4	1	9	3	-	0	
17	########	30	27	24	23	16	8	80	60	30	30.27	30.2	30.12	5	4	1	9	5	-	0	Snow
18	########	25	16	8	21	5	-9	93	52	10	30.42	30.32	30.27	18	7	2	20	8	-	0	Snow
19	########	23	16	10	0	-10	-18	49	30	7	30.43	30.35	30.27	19	14	7	25	13	38	0	
20	########	30	16	3	1	-5	-11	67	40	9	30.57	30.46	30.39	7	4	2	9	4	-	0	

图 10-14　获取的天气数据

从该 CSV 中可以得到提取数据的字段的名称和索引值，我们需要的时间、最高温和最低温，分别对应的索引值是 0、1、3。当数据类型比较多的时候，直接用关键字来获取数据会更加方便。本案例读取 CSV 文件所需的“关键字”为 date_akdt、high_temp_f 和 low_temp_f，分别对应日期、最高温和最低温。代码如下：

```
Case10_8.py
"""
    案例：气温变化曲线的绘制
    技术：matplotlib、csv 库
    日期：2020-03-28
"""
#导入使用的第三方模块
import csv
import matplotlib.dates
from datetime import datetime
from matplotlib import pyplot as plt
#图标正常显示中文
plt.rcParams['font.sans-serif'] = ['SimHei']
plt.rcParams['axes.unicode_minus'] = False #  用来正常显示符号

#将时间数据存储到列表
def date_to_list(data_index):
    #日期存到列表里
    results = []
    for row in data:
        results.append(datetime.strptime(row[data_index],'%Y-%m-%d'))
    return results

#存储气温数据
def data_to_list(data_index):
    #数据存储到列表
    results = []
```

```
27          for row in data:
28              results.append(int(row[data_index]))
29          return results
30
31    filename = 'beijing_2016.csv'
32    with open(filename) as bj:
33        data = csv.reader(bj)
34        header = next(data)
35        #提取这些数据存储到列表
36        data = list(data)
37        #最高温数据存储到列表
38        high_temp_f_bj = data_to_list(1)
39        #温度转换
40        high_temp_c_bj = [int((x-32)/1.8) for x in high_temp_f_bj]
41        #最低温数据存储到列表
42        low_temp_f_bj = data_to_list(3)
43        #温度转换
44        low_temp_c_bj = [int((x-32)/1.8) for x in low_temp_f_bj]
45        date = date_to_list(0)
46        #指定绘图区域大小和分辨率
47        plt.figure(figsize=(13,6),dpi=100)
48        #绘制最高温和最低温
49        plt.plot(date,high_temp_c_bj,c='xkcd:orange')
50        plt.plot(date,low_temp_c_bj,c='xkcd:azure')
51        #设置坐标标题
52        plt.title('2016 年北京市气温变化(最高温和最低温)',fontsize=22)
53        #设置 y 轴标签和大小
54        plt.ylabel('温度/℃',fontsize=20)
55        plt.tick_params(axis='both',labelsize=16)
56        #两条折线中间绘制填充色
57        plt.fill_between(date,high_temp_c_bj,low_temp_c_bj,facecolor='xkcd: silver',alpha=0.3)
58        plt.gca().xaxis.set_major_formatter(matplotlib.dates.DateFormatter("%Y-%m"))
59        #将横坐标斜着显示，以避免重叠
60        plt.gcf().autofmt_xdate()
61        #设置坐标轴和边框的留白距离
62        plt.margins(x=0,y=0.1)
63        plt.show()
```

运行结果如图 10-15 所示，其中横轴为 2016 年的全年月份、纵轴为全年的温度，这样通过 matplotlib 成功绘制了 2016 年北京市最高温和最低温的气温变化折线图。

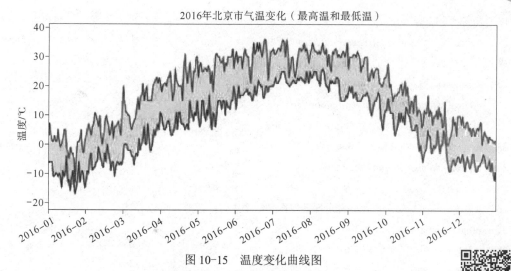

图 10-15　温度变化曲线图

10.4.5　案例 31：雷达图的绘制

获取源代码

雷达图也称为蜘蛛网图、星状图、极区图，是一种以二维形式展示多维数据的图形，常用于描述企业经营状况和财务分析。雷达图由一组坐标和多个同心圆组成，可以在同一个坐标系内展示多指标的分析比较情况，是常用的综合评价方法，尤其适用于对多属性对象做出全局性、整体性评价。

本案例绘制"三国群英传"游戏中的人物能力雷达图，获取吕布、赵云、关羽三个人物的能力值，其武力、智力、体力、技力和士气的能力值分别为"100,56,96,96,100""75,78,68,75,95""88,93,88,100,68"。代码如下：

```
Case10_9.py
1       """
2           案例：雷达图的绘制
3           技术：matplotlib 库、numpy 库
4           日期：2020-03-28
5       """
6       #导入模块
7       import numpy as np
8       import matplotlib.pyplot as plt
9       import matplotlib
1       #图标正常显示中文
1       plt.rcParams['font.sans-serif'] = ['SimHei']
12      plt.rcParams['axes.unicode_minus'] = False #  用来正常显示符号
13
14      #吕布、赵云、关羽能力值
15      abilities = [[100,56,96,96,100],[75,78,68,75,95],[88,93,88,100,68]]
16      #设置输出的图像大小
```

```
17    figsize = 12,8
18    figure,ax = plt.subplots(figsize=figsize)
19
20    #不显示边框
21    plt.gca().spines['right'].set_color('none')
22    plt.gca().spines['top'].set_color('none')
23    plt.gca().spines['left'].set_color('none')
24    plt.gca().spines['bottom'].set_color('none')
25
26    #将横、纵坐标轴标准化处理，保证饼图是一个正圆，否则为椭圆
27    plt.axis('equal')
28    #不显示 x 轴、y 轴的刻度值
29    plt.xticks(())
30    plt.yticks(())
31    N = 5 # 属性个数
32    angles=np.linspace(0,2*np.pi,N,endpoint=False)
33    #设置雷达图的角度，用于平分切开一个圆面
34    angles=np.linspace(0,2*np.pi,N,endpoint=False) angles=np.concatenate((angles, [angles[0]])) # 为了使雷
达图一圈封闭起来
35    ax = figure.add_subplot(111,polar=True)         #这里一定要设置为极坐标格式
36    sam = ['tomato','green','blue']                 #绘制颜色
37
38    #循环画三个人物的雷达图
39    for i in range(len(abilities)):
40        values = abilities[i][0:]
41        #为了使雷达图一圈封闭起来，需要下面的步骤
42        values=np.concatenate((values,[values[0]]))
43        ax.plot(angles,values,color=sam[i],linestyle=':',marker='.',markersize='10', linewidth=1)  #绘制折线图
44        ax.fill(angles,values,alpha=0.2) # 填充颜色
45
46    feature = ['武力','智力','体力','技力','士气']    #设置各指标名称
47    #添加每个特征的标签
48    ax.set_thetagrids(angles * 180/np.pi,feature,font_properties='SimHei')
49    ax.set_ylim(auto = True)                        #设置雷达图的范围
50
51    plt.title('三国群英传人物战力对比图',font_properties='SimHei',
52    fontdict={'weight': 'bold','size': 30})         #添加标题
53    ax.grid(True)                                   #添加网格线
54    data_labels = ('吕布','赵云','关羽')
55    plt.legend(data_labels,bbox_to_anchor=(1.05,0),loc=3,borderaxespad=0)
```

56   plt.show()

运行结果如图 10-16 所示。可见，本案例从武力、智力、体力、技力和士气五个方面成功绘制了吕布、赵云、关羽三个人物的能力雷达图。

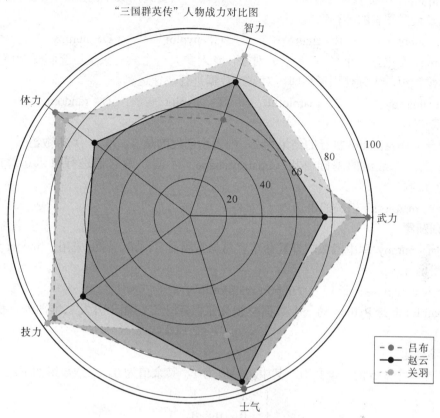

图 10-16   "三国群英传"人物能力值雷达图

10.5 本 章 小 结

本章以科学计算和数据可视化为核心，详细介绍了两个强大的模块库 numpy 和 matplotlib 的具体使用方法，并将 numpy 库应用于图像的处理，对第 8 章的图像手绘处理进行了改进。结合气温变化曲线图和"三国群英传"人物能力值雷达图的绘制这两个实例，本章对模块的应用进一步介绍，展示了 Python 在科学计算和数据可视化方面的强大功能。

习 题

一、选择题

1. 以下选项中不是 Python 数据分析的第三方库的是（   ）。

A．scipy   B．pandas   C．numpy   D．requests

2. 关于 matplotlib 的描述，以下选项中错误的是（   ）。

A．matplotlib 是 Python 生态中最流行的开源 Web 应用框架

    B．使用 matplotlib 库可以利用 Python 程序绘制超过 100 种数据可视化效果

    C．matplotlib 是提供数据绘图功能的第三方库

    D．matplotlib 主要进行二维图表数据展示，广泛用于科学计算的数据可视化

3．matplotlib 中提供了子模块（　　　　），用户只要调用其中的函数，就可以快速绘图以及设置图表的各种细节。

    A．subplot   B．figure   C．pyplot   D．numpy

4．numpy 库包含一个（　　　　）对象，该对象是一个具有矢量运算和复杂广播能力的多维数组，无须使用循环即可对整组数据进行快速运算。

    A．ndarray   B．matplotlib   C．pyplot   D．random

二、填空题

1．如果 ndarray.ndim 执行的结果为 2，则表示创建的是（　　　　）维数组。

2．如果两个数组的基础形状（ndarray.shape）不同，则它们进行算术运算时会出现（　　　　）机制。

3．导入 matplotlib 模块的语句为（　　　　）。

三、判断题

1．由于 numpy 库中函数较多且命名容易与常用命名混淆，因此采用 "import numpy as np" 语句引用 numpy 库。（　　　　）

2．导入 numpy 库的语句为 "import matplotlib"。（　　　　）

3．matplotlib 是 Python 的一个数据可视化工具库，专门用于开发二维图表，操作简单。（　　　　）

四、编程题

1．创建一个 5×5 的二维数组，其中边界值为 1，其余值为 0。二维数组如下：

$$
\begin{matrix}
1 & 1 & 1 & 1 & 1 \\
1 & 0 & 0 & 0 & 1 \\
1 & 0 & 0 & 0 & 1 \\
1 & 0 & 0 & 0 & 1 \\
1 & 1 & 1 & 1 & 1
\end{matrix}
$$

2．使用数字 0 将一个元素全为 1 的 5×5 二维数组包围，效果如下：

$$
\begin{matrix}
0 & 0 & 0 & 0 & 0 & 0 & 0 \\
0 & 1 & 1 & 1 & 1 & 1 & 0 \\
0 & 1 & 1 & 1 & 1 & 1 & 0 \\
0 & 1 & 1 & 1 & 1 & 1 & 0 \\
0 & 1 & 1 & 1 & 1 & 1 & 0 \\
0 & 1 & 1 & 1 & 1 & 1 & 0 \\
0 & 0 & 0 & 0 & 0 & 0 & 0
\end{matrix}
$$

3．利用 numpy 和 matplotlib 库在一个图中绘制正弦曲线和余弦曲线。

4．利用 numpy 和 matplotlib 库绘制霍兰德人格分析雷达图。

第11章

网络爬虫

■ 随着网络的迅速发展，万维网成为大量信息的载体，如何有效地提取并利用这些信息成为一个巨大的挑战。网络爬虫是一种按照一定的规则来自动抓取万维网信息的程序。

■ 定向抓取相关网页的聚焦爬虫是通用爬虫的一种类型，它是一个自动下载网页的程序，可以根据既定的抓取目标来有选择地访问万维网上的网页与相关的链接，获取所需的信息。

■ Python 抓取网页文档的接口更简洁，并且提供了便捷的文档处理功能，非常方便地应用于网络数据的爬取。本章将详细介绍 requests 库、beautifulsoup4 库的基本使用方法，并实现两个具体案例。

11.1 网络数据获取

11.1.1 网络爬虫的产生

传统获取网络数据（尤其是万维网数据）的方式是使用浏览器浏览网页。在用户浏览网页的过程中，通过 URL（统一资源定位）与 DNS（域名服务），将 URL 请求发送给对应服务器，服务器进行解析后将 HTML、JS、CSS 等文件发送给用户的浏览器，待浏览器解析出来，用户就可以看到网页内容。因此，用户浏览网页的实质是由 URL 请求获得 HTML 文档。程序可以模拟此过程获取数据，网络爬虫程序随之产生。

网络爬虫又称为网络蜘蛛、网络机器人，是按照给定规则自动获取万维网数据的程序。网络爬虫是搜索引擎的重要组成，为搜索引擎从万维网获取数据。传统网络爬虫从初始网页的 URL 开始，在获取该 URL 资源的同时获得该网页内的 URL；在处理网页数据的过程中，网络爬虫继续爬取当前网页数据中抽取的 URL，直到满足程序给定的停止条件发生。商用网络爬虫程序的工作流程较复杂，通常需要根据网页分析算法来过滤与主题无关的 URL，保留有用的 URL 放入待抓取的队列，然后网络爬虫根据搜索策略从队列中选择下一步要抓取的 URL，重复上述过程，直到达到系统的某一条件时停止。另外，所有被网络爬虫抓取的网页将会被存储、分析、过滤、索引，以便用于查询和检索，所得到的分析结果还可能对之后的爬取过程给出反馈和指导。

11.1.2　网络爬虫的类别

　　由于网络爬虫具有的目的不同、针对性不同、数据抓取形式不同，因此网络爬虫有不同的分类。按照使用场景，网络爬虫可分为通用爬虫（General Purpose Crawler）和聚焦爬虫（Focused Crawler）；按照数据抓取形式，可分为累积式爬虫（Accumulating Crawler）和增量式爬虫（Incremental Crawler）；按照被爬取数据的存在位置，可分为表层爬虫（Surface Crawler）和深层爬虫（Deep Crawler）等。其中，聚焦爬虫又称主题爬虫（Topical Crawler），是指按照指定的规则对预定主题进行数据爬取的程序；与之对应，通用爬虫不针对特定信息进行全网数据爬取，这通常是搜索引擎采集数据的方式。

11.1.3　网络数据的爬取流程

　　网络数据的爬取流程包括发送请求、获取响应内容、解析内容和保存数据四个步骤，如图 11-1 所示。

发送请求　→　获取响应内容　→　解析内容　→　保存数据

图 11-1　网络数据的爬取流程

　　（1）发送请求：使用 http 库向目标站点发起请求，即发送一个 request，request 包含请求头、请求体等，request 存在不能执行 JS 和 CSS 代码的缺点。
　　（2）获取响应内容：如果 requests 的内容存在于目标服务器上，那么服务器会返回请求内容，即发送一个 response，response 包含 html、json 字符串、图像、视频等。
　　（3）解析内容：对用户而言，就是寻找自己所需的信息；对于网络爬虫而言，就是利用正则表达式或者其他库来提取目标信息。
　　（4）保存数据：解析得到的数据以多种形式（如文本、音频、视频等）保存在本地，数据库文件保存至 MySQL、MongoDB 等数据库系统中。
　　Python 网络爬虫的框架有很多，如 Scrapy、PySpider、Crawley、Portia、Newspaper、BeautifulSoup、Grab、Cola 等，本章主要介绍基础的 HTTP 请求模块 requests、解析和处理模块 beautifulsoup4 的使用方法。

11.2　模块 11：requests 库

11.2.1　requests 库简介

　　requests 库是一个简洁且简单的处理 HTTP 请求的第三方库，它的最大优点是程序编写过程接近正常 URL 访问过程。这个库建立在 Python 的 urllib3 库的基础上。这种在其他函数库的基础上再封装功能，提供更友好函数的方式在 Python 中十分常见。

requests 支持非常丰富的链接访问功能，包括国际域名和 URL 获取、HTTP 长连接和连接缓存、HTTP 会话和 Cookie 保持、浏览器使用风格的 SSL 验证、基本的摘要认证、有效的键值对 Cookie 记录、自动解压缩、自动内容解码、文件分块上传、HTTP（HTTPS）代理功能、连接超时处理、流数据下载等。

requests 库可通过 pip 指令安装，代码如下：

```
pip install requests
```

如果在 Python 2.×和 Python 3.×并存的系统中采用 pip3 命令，则代码如下：

```
pip3 install requests
```

安装完成后，在控制台输入"import requests"，如果没提示错误，就说明已经安装成功。

11.2.2 requests 库的相关操作

requests 库的网页常用方法如表 11-1 所示。

表 11-1 requests 库的网页常用方法

名称	功能
get(url[,timeout=n])	对应于 HTTP 的 GET 方法，是获取网页最常用的方式，可以增加 timeout=n 参数，设定每次请求超时时间为 n 秒
put(url,data={'key':value})	对应于 HTTP 的 PUT 方法，其中字典用于传递客户数据
post(url,data={'key': 'value'})	对应于 HTTP 的 POST 方法，其中字典用于传递客户数据
delete(url)	对应于 HTTP 的 DELETE 方法
head(url)	对应于 HTTP 的 HEAD 方法
options(url)	对应于 HTTP 的 OPTIONS 方法

get()是获取网页最常用的方法，在调用 requests.get()方法后，返回的网页内容会保存为一个 response 对象，其中参数 url 链接必须采用 HTTP 或 HTTPS 方式访问。

为了说明相关函数的使用方法，接下来简单介绍 HTTP 的 GET 方法和 POST 方法。

HTTP 协议定义了客户端与服务器交互的不同方法，最基本的方法是 GET 和 POST。GET 方法可以根据某链接获得内容，POST 方法用于发送内容。GET 方法也可以向链接提交内容，其与 POST 的区别如下：

（1）GET 方法提交的数据最多不超过 1024 字节；POST 对提交内容没有长度限制。

（2）GET 方法可以通过 URL 提交数据，待提交数据是 URL 的一部分；若采用 POST 方法，待提交数据放置在 HTML HEADER 内。

（3）使用 GET 方法时，参数会显示在 URL 中，而 POST 不会显示。所以，如果这些数据是非敏感数据，那么可以使用 GET 方法；如果提交数据是敏感数据，则建议采用 POST 方法。

requests.get()代表请求过程，它返回的 response 对象代表响应，返回内容作为一个对象通过其属性进行操作，response 对象的属性如表 11-2 所示。

表 11-2　response 对象的属性

名称	功能
status_code	HTTP 请求的返回状态，整数，200 表示连接成功，404 表示失败
encoding	HTTP 响应内容的编码方式
text	HTTP 响应内容的字符串形式，即 URL 对应的页面内容
content	HTTP 响应内容的二进制形式

其中，status_code 属性返回请求 HTTP 后的状态，在处理数据前应判断状态情况，如果请求未被响应，则需要终止内容处理；encoding 属性给出返回页面内容的编码方式，可以通过对 encoding 属性赋值来更改编码方式，以便处理中文字符；text 属性是请求的页面内容，以字符串形式展示；content 属性是页面内容的二进制形式。

为说明以上函数和属性的使用方式，接下来以使用 get() 方法访问"百度"网站为例，代码如下：

```python
import requests
#使用 get()方法打开链接
req = requests.get("http://www.baidu.com")
print(req.status_code)
print(req.encoding)
print(req.text)
```

运行结果如下（受篇幅所限，文本内容只列出了部分结果）：

```
200
ISO-8859-1
<!DOCTYPE html>
<!--STATUS OK--><html><head><meta http-equiv=content-type content=text/html; charset=utf-8><meta http-equiv=X-UA-Compatible content=IE=Edge><meta content= always name=referrer><link rel=stylesheet type=text/css href=http://s1.bdstatic.com/r/www/cache/bdorz/baidu.min.css><title>ç™¾åº¦ä¸€ä¸‹ï¼Œä½ å°±çŸ¥é   "</title></head>……</html>
```

从中可以看出，中文显示出现了乱码。为了正确显示中文，就需要更改编码方式，代码如下：

```python
req.encoding = 'utf-8'
print(req.text)
```

运行结果如下（部分）：

```
<!DOCTYPE html>
```

```
<!--STATUS OK--><html><head><meta http-equiv=content-type content=text/html; charset=utf-8><meta http-
equiv=X-UA-Compatible content=IE=Edge><mcta content= always name=referrer><link rel=stylesheet type=text/css
href=http://s1.bdstatic. com/r/www/cache/bdorz/baidu.min.css><title> 百 度 一 下 ，你就知道 </title></head>…
</html>
```

除了属性，response 对象还提供一些方法，如表 11-3 所示。

表 11-3 response 对象的方法

名称	功能
json()	如果 HTTP 响应内容包含 JSON 格式数据，则该方法解析 JSON 数据
raise_for_status()	如果不是 200，则产生异常

json()方法能够在 HTTP 响应内容中解析已存在的 JSON 数据，从而方便地解析 HTTP 数据。raise_for_status()方法能在非成功响应后产生异常（即只要返回的请求状态 status_code 不是 200，这个方法就会产生一个异常），可用于 try-except 语句。

使用异常处理语句（只需要在收到响应时调用这个方法）可以避免设置复杂的 if 语句，从而避开状态字 200 以外的各种意外情况。requests 库的常用连接异常如表 11-4 所示。

表 11-4 requests 库的常用连接异常

类型	说明
requests.ConnectionError	网络连接错误异常，如 DNS 查询失败、拒绝连接等
requests.HTTPError	HTTP 错误异常
requests.URLRequired	URL 缺失异常
requests.TooManyredirects	超过最大重定向次数，产生重定向异常
requests.ConnectTimeout	连接远程服务器超时异常
requests.Timeout	请求 URL 超时，产生超时异常

（1）举例说明 requests 库 get()方法的具体使用方法：用网络爬虫来模拟访问"360"网站的搜索结果。代码如下：

```
Case11_1.py
#导入相应库
import requests
keyword = "Python 爬虫"
url = "http://www.so.com/s"
try :
    kv = {
        'q':keyword
```

```
        }
    r = requests.get(url,params=kv)
    print(r.request.url)
    r.raise_for_status()
    print(len(r.text))
except :
    print("爬取失败")
```

运行结果如下：

```
https://www.so.com/s?q=Python%E7%88%AC%E8%99%AB
361592
```

由此可知，根据"Python 爬虫"关键字共爬取到 361592 条数据。

（2）举例说明 requests 库 post()函数的具体使用方法：爬取国内某城市的肯德基餐厅数据分布信息。访问肯德基官网 http://www.kfc.com.cn，观察要抓取的数据的特征，通过抓包工具获得查询时请求的 url，url = http://www.kfc.com.cn/kfccda/ashx/GetStoreList.ashx?op=keyword。

代码如下：

```
Case11_2.py
#基于 requests 模块 ajax 的 post 请求(肯德基餐厅数据)
import requests
#自定义请求头信息,相关的头信息必须封装在字典结构中
headers = {
"User-Agent": "Mozilla/5.0 (Windows NT 10.0; Win64; x64) AppleWebKit/537.36 (KHTML,like Gecko)
Chrome/71.0.3573.0 Safari/537.36"
    }
#指定 ajax-post 请求的 url(通过抓包进行获取)
url = "http://www.kfc.com.cn/kfccda/ashx/GetStoreList.ashx?op=keyword"
city = input("请输入城市:")
for page in range(10):
    #处理 post 请求携带的参数(从抓包工具中获取)
    data = {
        'cname':'',
        'pid':'',
        'keyword':city,
        'pageIndex':page,
        'pageSize':'10',
    }
    #发起基于 ajax 的 post 请求
    res_json = requests.post(url=url,data=data,headers=headers).json()
```

```
#获取响应内容:响应内容为 json 串
for res in res_json["Table1"]:
    detail_dict = {
        "storeName":res["storeName"],
        "addrs":res["addressDetail"]
    }
    print(detail_dict)
```

运行以上程序，输入要查询的城市名，运行结果如下（部分）：

```
请输入城市：北京↙
{'storeName':'育慧里','addrs':'小营东路 3 号北京凯基伦购物中心一层西侧'}
{'storeName':'京通新城','addrs':'朝阳路杨闸环岛西北京通苑 30 号楼一层南侧'}
{'storeName':'黄寺大街','addrs':'黄寺大街 15 号北京城乡黄寺商厦'}
......
```

11.3 案例 32：爬取化妆品生产许可证相关数据

获取源代码

以下利用 requests 库爬取国家药品监督管理局网站的化妆品生产许可证相关数据，国家药品监督管理局官网为 http://scxk.nmpa.gov.cn:81/xk/，如图 11-2 所示。单击任意一个企业名称，即可查看该企业的化妆品生产许可证详细信息，如企业名称、许可证编号等。

图 11-2 国家药品监督管理局化妆品平台

按【F12】键，可查看网页源代码。观察需要提取数据的格式，然后在任意一个企业名称上单击右键，在弹出的快捷菜单中选择"检查元素"选项，对应打开的 HTML 信息如图 11-3 所示。本案例要获取的数据为企业名称及法人信息，仔细查看网页信息，发现每页有 15 条企业信息，放在<li>、</li>之间，每条企业信息包括名称、批准文号、批准单位、日期，但没有法人信息，所以可以确定企业相关信息是动态加载的。

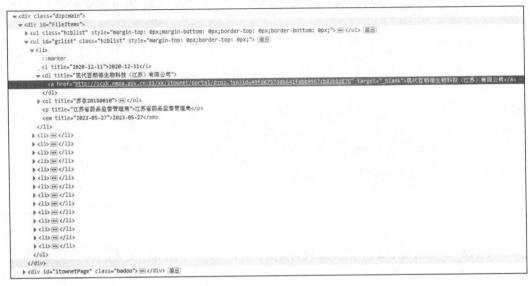

图 11-3　HTML 源码

通过分析以上网页可以发现，在 http://scxk.nmpa.gov.cn:81/xk/ 页面以分页的形式展示了所有化妆品公司，其化妆品公司的数据并非通过上述网址获取，而是页面通过 http://scxk.nmpa.gov.cn:81/xk/itownet/portalAction.do?method=getXkzsList 发送 ajax 请求获取的。打开一个公司链接，分析发现其详细信息也是通过 ajax 请求获取的，其中以每个公司的 ID 来获取对应的详细信息。由于本案例要获取的是所有化妆品公司信息，因此需要实现分页获取，即首先获得所有公司的 ID，再把内容分别以 JSON 格式存储和存入 Excel 表格。

代码如下：

```
Case11_3.py
1    """
2    案例：爬取化妆品生产许可证相关数据
3    网址：http://scxk.nmpa.gov.cn:81/xk/
4       技术：requests、要获取的数据均是 post 请求且采取 ajax 的方式
5    第一次请求获取公司数据对应的 ID
6    第二次根据 ID 获取相应的数据
7    日期：2020-04-01
8    """
9    #导入包
10   import json
11   import requests
12   import csv
```

```
13    url =http://scxk.nmpa.gov.cn:81/xk/itownet/portalAction.do?method=getXkzsList
14    Headers={
15          "User-Agent": "Mozilla/5.0 (Windows NT 10.0; Win64; x64) AppleWebKit/537.36 (KHTML, like
      Gecko) Chrome/85.0.4183.83 Safari/537.36"
16    }
17    id_list=[]
18    for i in range(1,10):                 #获取多页数据
19    param={
20              'on': 'true',
21              'page': i,
22              'pageSize': '15',
23              'productName':",
24              'conditionType': '1',
25              'applyname':",
26              'applysn':"
27          }
28          response=requests.post(url=url,params=param,headers=Headers)
29    dict_obj=response.json()
30          for dict in dict_obj['list']:
31    id_list.append(dict['ID'])           #获取企业 ID,并且存入 id_list
32    urls = http://scxk.nmpa.gov.cn:81/xk/itownet/portalAction.do?method=getXkzsById
33    #持久化存储,将数据存储到 excel 表格中
34    out = open('alldata.csv', 'a', newline=")
35    csv_write = csv.writer(out, dialect='excel')
36    dict_details=[]
37    for id in id_list:                     #遍历 id_list,获取详细信息,将信息存入 dict_details
38    data={
39              'id': id
40          }
41          response = requests.post(url=urls,headers=Headers,data=data).json()
42    epsName=response['epsName']         #只选择了两项信息写入表格
43    businessPerson=response['businessPerson']
44    j_str = (str(epsName),str(businessPerson))
45    csv_write.writerow(j_str)
46    dict_details.append(response)
47    fb=open('./alldata.json','w',encoding='utf-8')
48    json.dump(dict_details,fp=fb,ensure_ascii=False)
49    print('处理完毕! ')
```

打开 alldata.csv,即可看到爬取到的化妆品信息,受篇幅所限,以下仅列出部分数据:

现代百朗德生物科技（江苏）有限公司,CHO HYUN

英德市藻米美妆产业有限公司,肖祥新

成都盛世名妆化妆品有限责任公司,黄浩

重庆碧海源日化用品有限公司,吴诗慧

哈尔滨北星药业有限公司,关成山

深圳市纳家生活科技有限公司,程英

广东御芳泽生物科技有限公司,刘洪荣

11.4　模块 12：beautifulsoup4 库

11.4.1　beautifulsoup4 库简介

使用 requests 库获取 HTML 页面并将其转换成字符串后，需要进一步解析 HTML 页面格式，以提取有用信息，这就需要处理 HTML 和 XML 的函数库。beautifulsoup4 库，也称为 Beauiful Soup 库或 bs4 库，用于解析和处理 HTML 和 XML。需要注意的是，它不是 BeautifulSoup 库。它的最大优点是能根据 HTML 和 XML 语法建立解析树，进而高效解析其中的内容。

HTML 建立的 Web 页面一般非常复杂，除了有用的内容信息外，还包括大量用于页面格式的元素，因此直接解析一个 Web 网页需要深入了解 HTML 语法。beautifulsoup4 库将专业的 Web 页面格式解析部分封装成函数，并提供了若干有用且便捷的处理函数。

beautifulsoup4 库采用面向对象思想实现，它把每个页面当作一个对象，通过"库名.函数名()"的方式调用对象方法。

beautifulsoup4 库可通过 pip 或 pip3 指令安装。注意：请不要安装 beautifulsoup 库，由于年代久远，已经不再对其维护。代码如下：

```
pip install beautifulsoup4
#或者 pip3 命令
pip3 install beautifulsoup4
```

11.4.2　beautifulsoup4 库的相关操作

BeautifulSoup 翻译成中文就是"美丽的汤"，这个奇特的名字来源于《爱丽丝梦游仙境》。beaufulsoup4 库中最主要的是 BeautifulSoup 类，每个实例化的对象相当于一个页面，采用 Beautiful Soup 对象导入 BeautifulSoup 类后，可以使用 BeautifulSoup()方法创建对象。

示例：创建的 BeautifulSoup 对象是一个树形结构，它包含 HTML 页面中的每个 Tag（标签）元素，如<hend>、<body>等。具体来说，HTML 中的主要结构都变成了 BenutifulSoup 对象的一个属性，可以直接用<a>.<b>形式获得，其中<b>的名字采用 HTML 中标签的名字，表 11-5 列出了常用的一些属性。

表 11-5 BeautifulSoup 对象的常用属性

名称	功能描述
head	HTML 页面的\<head\>内容
title	HTML 页面标题，在\<head\>之中，由\<title\>标记
body	HTML 页面的\<body\>内容
p	HTML 页面中第一个\<p\>内容
strings	HTML 页面所有呈现在 Web 上的字符串（即标签的内容）
stripped_strings	HTML 页面所有呈现在 Web 上的空格字符串

为了说明相关操作方法，接下来使用 get()方法访问"百度"网站，示例如下：

```
import requests
from bs4 import BeautifulSoup
req = requests.get("http://www.baidu.com")
req.encoding="utf-8"
soup = BeautifulSoup(req.text)
print(soup.head)
print(soup.title)
print(type(soup.title))
print(soup.p)
```

运行结果如下：

```
<head><meta content="text/html;charset=utf-8" http-equiv="content-type"/> <meta content="IE=Edge" http-equiv="X-UA-Compatible"/><meta content="always" name="referrer"/><link href="http://s1.bdstatic.com/r/www/cache/bdorz/baidu.min. css" rel="stylesheet" type="text/css"/><title>百度一下,你就知道</title></head>
<title>百度一下，你就知道</title>
<class 'bs4.element.Tag'>
<p id="lh"><a href="http://home.baidu.com">关于百度</a><a href="http://ir. baidu.com">About Baidu</a></p>
```

上例中，title 是一个标签对象。每个标签对象在 HTML 中都有类似的结构，例如：

```
<a href="http://home.baidu.com">关于百度</a><a href="http://ir.baidu.com">About Baidu</a>
```

标签对象的常用属性如表 11-6 所示。

表 11-6　标签对象的常用属性

名称	功能
name	字符串，标签的名字，如 div
attrs	字典，包含了原来页面 Tag 所有的属性，如 href
contents	列表，该 Tag 下所有子 Tag 的内容
string	字符串，Tag 所包围的文本，网页中真实的文字

以上属性示例如下：

```
print(soup.a)
print(soup.a.string)
print(soup.a.name)
print(soup.a.attrs)
print((soup.title).name)
print((soup.title).string)
print(soup.p.contents)
```

运行结果如下：

```
<a class="mnav" href="http://news.baidu.com" name="tj_trnews">新闻</a>
新闻
a
{'href': 'http://news.baidu.com','name': 'tj_trnews','class': ['mnav']}
title
百度一下，你就知道
[' ',<a href="http://home.baidu.com">关于百度</a>,' ',<a href="http://ir.baidu. com">About Baidu</a>,' ']
```

由于 HTML 语法可以在标签中嵌套其他标签，因此，string 属性的返回值遵循如下原则：

（1）如果标签内部没有其他标签，则 string 属性返回其中的内容。

（2）如果标签内部还有其他标签，但只有一个标签，则 string 属性返回最内层标签的内容。

（3）如果标签内部有超过 1 层嵌套的标签，则 string 属性返回 None。

HTML 语法中的同一个标签会有很多内容。例如，<a>标签在"百度"首页共有 11 处，直接调用 soup.a 只能返回第一个。

当需要列出标签对应的所有内容或者需要找到非第一个标签时，需要用到 BeautifulSoup 的 find()方法和 find_all()方法。这两个方法会遍历整个 HTML 文档，按照条件返回标签内容。语法如下：

```
BeautifulSoup.find_all(name,attrs,recursive,string,1imit)
```

具体参数如下：

- name：按照 Tag 标签名字检索，名字用字符串形式表示，如 div、li。
- attrs：按照 Tag 标签属性值检索，需要列出属性名称和值，采用 JSON 表示。
- recursive：设置查找层次，只查找当前标签下一层时，使用"recursive=False"。
- string：按照关键字检索 string 属性内容，采用"string=开始"。
- limit；返回结果的个数，默认返回全部结果。

示例如下：

```
print(len(soup.find_all('a')))
print(soup.find_all('a'))
print(soup.find_all('script'))
```

运行结果如下：

```
11
[<a class="mnav" href="http://news.baidu.com" name="tj_trnews">新闻</a>,<a class="mnav" href="http://www.hao123.com" name="tj_trhao123">hao123</a>,<a class= "mnav" href="http://map.baidu.com" name="tj_trmap">地图</a>,<a class="mnav" href= "http://v.baidu.com" name="tj_trvideo">视频</a>,<a class="mnav" href="http://tieba.baidu.com" name="tj_trtieba">贴吧</a>,<a class="lb" href="http://www.baidu.com/ bdorz/login.gif?login&amp;tpl=mn&amp;u=http%3A%2F%2Fwww.baidu.com%2f%3fbdorz_come%3d1"name="tj_login">登录</a>,<a class="bri" href="//www.baidu.com/more/" name= "tj_briicon" style="display: block;">更多产品</a>,<a href="http://home.baidu.com">关于百度</a>,<a href="http://ir.baidu.com">About Baidu</a>,<a href="http://www.baidu. com/duty/">使用百度前必读</a>,<a class="cp-feedback" href="http://jianyi.baidu. com/">意见反馈</a>]

[<script>document.write('<a href="http://www.baidu.com/bdorz/login.gif?login&tpl= mn&u= '+ encodeURIComponent(window.location.href+ (window.location.search === "" ? "?" : "&")+ "bdorz_come=1")+ '" name="tj_login" class= "lb">登录</a>'); </script>]
```

BeautifulSoup 的 find_all()方法可以根据标签名字、标签属性和内容进行搜索并返回标签列表。通过片段字符串检索时，需要使用正则表达式 re 函数库。re 是 Python 标准库，用语句"import re"即可使用。采用 re.compile（'string'），可实现对片段字符串的检索。当对标签属性检索时，属性和对应的值采用 JSON 格式，键值对中的值的部分可以是字符串或正则表达式。

示例如下：

```
import re
print(soup.find_all(string = re.compile('百度')))
```

运行结果如下：

```
['百度一下，你就知道','关于百度','使用百度前必读']
```

除了 find_all()方法，Beautiful Soup 类还提供 find()方法。它们的区别是：前者返回全部结果，而后者返回找到的第一个结果。find_all()方法由于可能返回更多结果，所以采用列表形式。find()方法返回字符串形式，语法如下：

```
BeautifulSoup.find(name,attrs,recursive,string)
```

其作用是根据参数找到对应的标签，采用字符串返回找到的第一个值，参数与 find_all() 方法一样。

11.5　案例 33：爬取电影排行榜

获取源代码

本案例使用 requests、beautifulsoup4、json 等库爬取猫眼电影排行榜数据，将爬取的数据保存至当前目录的 MovieTop100.txt 文件中。爬取流程如下：

第 1 步，观察爬取网页的页面构造，了解要提取多少页、URL 构造方式等。

第 2 步，编写函数解析每一页，以得到每一页需要的数据。

第 3 步，清洗数据，并按一定格式存储。

第 4 步，重复执行第 2、3 步，爬取所有的页面。

（1）打开火狐浏览器。输入网址 http://maoyan.com/board/4，按【F12】键，查看网页源码，如图 11-4 所示。

图 11-4　猫眼电影排行榜页面

（2）单击"下一页"标签，网页往下翻页，如图 11-5 所示。注意：与上一个页面对比，发现网址多了"?offset=10"，这告诉我们当前页是第 11~20 页，这样我们就得到了页码的规律。

（3）观察需要提取的数据，在电影"大闹天宫"单击右键，在弹出的快捷菜单中选择"检查元素"选项，HTML 信息如图 11-6 所示。仔细查看信息，需要获取的电影信息存放在 <dd>…</dd> 之间。

图 11-5　单击"下一页"标签

```
▼<dl class="board-wrapper">
  ▶<dd>⋯</dd>
  ▶<dd>⋯</dd>
  ▼<dd>
    <i class="board-index board-index-13">13</i>
    ▶<a class="image-link" href="/films/14556" title="大闹天宫" data-act="boarditem-click" data-val="{movieId:14556}">⋯</a>
    ▼<div class="board-item-main">
      ▼<div class="board-item-content">
        ▼<div class="movie-item-info">
          ▼<p class="name">
            <a href="/films/14556" title="大闹天宫" data-act="boarditem-click" data-val="{movieId:14556}">大闹天宫</a>
          </p>
          <p class="star">主演：邱岳峰,毕克,富润生</p>
          <p class="releasetime">上映时间：1965-12-31</p>
        </div>
        ▶<div class="movie-item-number score-num">⋯</div>
      </div>
    </div>
  </dd>
  ▶<dd>⋯</dd>
```

图 11-6　HTML 信息

得到如何获取电影数据的规律后，下面开始编写程序。

（1）编写一个打开网页的函数。代码如下：

```
#打开要爬取的网页
def open_url(url):
    try:
        # 猫眼必须加上 header 伪装成浏览器
        headers ={'User-Agent': 'Mozilla/5.0 (Windows NT 6.1; Win64; x64) AppleWebKit/ 537.36 (KHTML,like Gecko) Chrome/68.0.3440.84 Safari/537.36'}
        #获取网页
        response = requests.get(url,headers=headers)
```

```
    if response.status_code == 200:
        return response.text
    return None
except RequestException:
    return None
```

（2）打开网页后，解析每一页，传入 offset 参数，然后用 for 循环调用函数。代码如下：

```
#解析网页
def parse_page(html):
    soup = BeautifulSoup(html,'lxml')
    items = soup.select('dd')
    for item in items:
        #利用 find 得到索引值
        index = item.find(name='i',class_='board-index').get_text()
        #利用 find 得到电影名
        name = item.find(name='p',class_='name').get_text()
        #利用 find 得到主演
        start = item.find(name='p',class_='star').get_text().strip()
        #利用 find 得到上映时间
        time = item.find(name='p',class_='releasetime').string
        #利用 find 得到评分
        score = item.find(name='p',class_='score').get_text()
        #使用字典存储电影数据
        yield {
            'index':index,
            'name':name,
            'star':start,
            'time':time,
            'score':score
        }
```

（3）成功解析网页后，用以下函数将数据保存：

```
#保存数据
def save(item):
    #将爬取的数据保存至文本文件
    with open('MovieTop100.txt','a',encoding='utf-8') as f:
        f.write(json.dumps(item,ensure_ascii=False) + '\n')
```

（4）在"if __name__ == '__main__':"语句中编写如下代码：

```
#循环爬取前 10 页电影,每页 10 个,共 100 条
for i in range(10):
    #要爬取的网址
    base_url = 'http://maoyan.com/board/4?'
    #偏移量为 10
    params = {'offset': i*10}
    #依次跳到下一页
    url = base_url + urlencode(params)
    #得到网址
    html = open_url(url)
    #依次处理每一页数据
    for item in parse_page(html):
        # 打印数据
        print(item)
        #存储数据
        save(item)
    time.sleep(2)
```

本案例的完整代码如下：

```
Case11_4.py
1    """
2        案例：爬取电影排行榜
3        技术：requests、BeautifulSoup 实现
4        日期：2020-04-01
5    """
6    #导入所需的模块
7    import requests
8    from requests.exceptions import RequestException
9    from bs4 import BeautifulSoup
10   from urllib.parse import urlencode
11   import json
12   import time
13
14   #打开要爬取的网页
15   def open_url(url):
16       try:
```

```
17              # 猫眼必须加上 header 伪装成浏览器
18              headers ={'User-Agent': 'Mozilla/5.0(Windows NT 6.1; Win64; x64)
        AppleWebKit/ 537.36(KHTML,like Gecko)Chrome/68.0.3440.84 Safari/537.36'}
19              # 获取网页
20              response = requests.get(url,headers=headers)
21              if response.status_code == 200:
22                  return response.text
23              return None
24          except RequestException:
25              return None
26
27      #解析网页
28      def parse_page(html):
29          soup = BeautifulSoup(html,'lxml')
30          items = soup.select('dd')
31          for item in items:
32              #利用 find 得到索引值
33              index = item.find(name='i',class_='board-index').get_text()
34              #利用 find 得到电影名
35              name = item.find(name='p',class_='name').get_text()
36              #利用 find 得到主演
37              start = item.find(name='p',class_='star').get_text().strip()
38              #利用 find 得到上映时间
39              time = item.find(name='p',class_='releasetime').string
40              #利用 find 得到评分
41              score = item.find(name='p',class_='score').get_text()
42              #使用字典存储电影数据
43              yield {
44                  'index':index,
45                  'name':name,
46                  'star':start,
47                  'time':time,
48                  'score':score
49              }
50
51      #保存数据
52      def save(item):
53          #将爬取的数据保存至文本文件
54          with open('MovieTop100.txt','a',encoding='utf-8') as f:
```

```
55              f.write(json.dumps(item,ensure_ascii=False) + '\n')

56

57    if __name__ == '__main__':
58        #循环爬取前 10 页电影,每页 10 个,共 100 条
59        for i in range(10):
60            #要爬取的网址
61            base_url = 'http://maoyan.com/board/4?'
62            #偏移量为 10
63            params = {'offset': i*10}
64            #依次跳到下一页
65            url = base_url + urlencode(params)
66            #得到网址
67            html = open_url(url)
68            #依次处理每一页数据
69            for item in parse_page(html):
70                #输出数据
71                print(item)
72                #存储数据
73                save(item)
74            time.sleep(2)
```

运行结果（部分）如下：

{'index': '1','name': '霸王别姬','star': '主演：张国荣,张丰毅,巩俐','time': '上映时间：1993-07-26','score': '9.5'}

{'index': '2','name': '肖申克的救赎','star': '主演：蒂姆·罗宾斯,摩根·弗里曼,鲍勃·冈顿','time': '上映时间：1994-09-10（加拿大）','score': '9.5'}

{'index': '3','name': '这个杀手不太冷','star': '主演：让·雷诺,加里·奥德曼,娜塔莉·波特曼','time': '上映时间：1994-09-14（法国）','score': '9.5'}

......

{'index': '98','name': '千与千寻','star': '主演：柊瑠美,周冬雨,入野自由','time': '上映时间：2019-06-21','score': '9.3'}

{'index': '99','name': '海上钢琴师','star': '主演：蒂姆·罗斯,比尔·努恩,克兰伦斯·威廉姆斯三世','time': '上映时间：2019-11-15','score': '9.3'}

{'index': '100','name': '美丽人生','star': '主演：罗伯托·贝尼尼,尼可莱塔·布拉斯基,乔治·坎塔里尼','time': '上映时间：2020-01-03','score': '9.3'}

由此可见，该程序成功爬取了猫眼电影前 100 名排行榜。

打开 MovieTop100.txt，文件内容如图 11-7 所示，可见已成功将猫眼电影前 100 名排行数据存储到了指定的文本文件中。

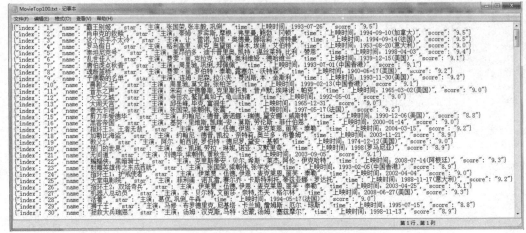

图 11-7　MovieTop100.txt 内容

11.6　本 章 小 结

本章首先介绍了网络爬虫的基础知识，包括网络爬虫的产生、网络爬虫的类别和数据爬取的流程，然后介绍了如何使用 requests 库和 beauifulsoup4 库抓取网页数据和解析网页数据。本章通过爬取国家药品监督管理总局网站中化妆品生产许可证相关数据和爬取猫眼电影排行榜数据两个实例，演示了快速抓取网页数据的具体方法。

习 题

一、选择题

1. 采用 pip 指令安装 requests 库的代码是（　　　　）。

    A．pip install request　　　　　　　B．pip install requests

    C．pip uninstall requests　　　　　　D．pip install pygame

2. Python 网络爬虫方向的第三方库是（　　　　）。

    A．itchat　　　　B．time　　　　C．requests　　　D．jieba

3. Python 文本处理方向的第三方库是（　　　　）。

    A．Django　　　　B．pyserial　　　C．beautifulsoup4　D．filecmp

4. 关于 requests 的描述，以下选项中正确的是（　　　　）。

    A．requests 是数据可视化方向的 Python 第三方库

    B．requests 库是处理 HTTP 请求的第三方库

    C．requests 是支持多种语言的自然语言处理 Python 第三方库

    D．requests 是一个支持符号计算的 Python 第三方库

5. requests 库的 get()方法提交的数据最多不超过（　　　　）字节。

    A．2048　　　　B．612　　　　C．4096　　　　D．1024

二、填空题

1. 爬取网络数据的流程包括（　　　　）、获取响应内容、（　　　　）和保存数据四个步骤。

2．按照使用场景，网络爬虫分为（　　　　）和（　　　　）两种。

3．beautifulsoup4 库将复杂的 HTML 文档转换成（　　　　），这个结构中的每个节点都是一个 Python 对象。

三、判断题

1．网络爬虫又称为网络蜘蛛、网络机器人，是按照给定规则自动获取万维网数据的程序。（　　　　）

2．Python 网络爬虫方向的第三方库是 scrapy。（　　　　）

3．beautifulsoup4 是一个 HTML/XML 的解析器，主要的功能是如何解析和提取数据。（　　　　）

四、编程题

1．使用 requests 和 beautifulsoup4 库爬取 2019 年中国大学排名。

2．使用 requests 和 beautifulsoup4 库将"诗词名句"网站中《三国演义》小说的每一章的内容爬取到本地磁盘进行存储，网址为 http://www.shicimingju.com/book/sanguoyanyi.html。

参 考 文 献

[1] 郑凯梅. Python 程序设计任务驱动式教程［M］. 北京：清华大学出版社，2019.

[2] 黑马程序员. Python 快速编程入门［M］. 北京：人民邮电出版社，2019.

[3] 嵩天，礼欣，黄天羽. Python 语言程序设计基础［M］. 北京：高等教育出版社，2019.

[4] 夏敏捷. Python 程序设计从基础开发到数据分析［M］. 北京：清华大学出版社，2019.

[5] 曾刚. Python 编程入门与案例详解［M］. 北京：清华大学出版社，2019.

[6] 黄红梅，张良均. Python 数据分析与应用［M］. 北京：人民邮电出版社，2018.

[7] 郑凯梅. Python 程序设计基础［M］. 北京：清华大学出版社，2018.